Media für Manager

Anne Marx

Media für Manager

Was Sie über Medien und
Media-Agenturen wissen müssen

2., aktualisierte und überarbeitete Auflage

 Springer Gabler

Anne Marx
Hamburg
Deutschland

ISBN 978-3-8349-3468-0   ISBN 978-3-8349-7192-0 (ebook)
DOI 10.1007/978-3-8349-7192-0

Die Deutsche Nationalbibliothek verzeichnet diese Publikation in der Deutschen Nationalbi-
bliografie; detaillierte bibliografische Daten sind im Internet über http://dnb.d-nb.de abruf-
bar.

Springer Gabler

Lektorat: Stefanie Brich
Einbandentwurf: KünkelLopka GmbH, Heidelberg

Gedruckt auf säurefreiem Papier.

Springer Gabler ist eine Marke von Springer DE. Springer DE ist Teil der Fachverlagsgruppe
Springer Science+Business Media
www.springer-gabler.de

Vorwort

Die erste Auflage meines Buches erschien unter dem Titel „Media für Manager –
Alles, was Sie über Medien und Media-Agenturen wissen müssen." Dieses „Alles"
erscheint mir heute vermessen angesichts eines sich im rasanten Tempo verändern-
den Marktes. Ich versuche, dem Leser ein möglichst umfassendes Bild über das
mediale Angebot und die Marktusancen zu vermitteln, jedoch ohne den Anspruch
auf absolute Vollständigkeit.

Marketing hat viele Facetten – und Media ist nur eine davon, häufig die „unge-
liebte". Den größten Teil eines Marketingetats beanspruchen in der Regel die Investitionen in die Werbung, und dort stellen die Aufwendungen für die Medienschal-
tungen den größten Einzelposten dar. Die Qualität der Media-Strategie und deren
Umsetzung in einen Media-Einsatzplan entscheiden darüber, ob dieses (Ihr) Geld
sinnvoll angelegt ist. Media ist also zu wichtig, um es nur den Controllern Ihres
Unternehmens zu überlassen.

Dieser Leitfaden vermittelt Ihnen das notwendige Praxiswissen im Umgang mit
Media-Anbietern und Media-Agenturen. Sie lernen die Komplexität der Media-
Arbeit kennen, und es werden Vorschläge für eine adäquate Honorierung der Agen-
turarbeit gemacht.

In den letzten Jahren sind die Media-Agenturen immer wieder in den Verdacht
geraten, ihre Einkaufsmacht zur eigenen Profitmaximierung zu missbrauchen und
ihre Aufgabe als neutraler Berater und Treuhänder von Kundengeldern aus den Augen zu verlieren. Halbherzige Reglementierungen und Selbstverpflichtungen von
Interessenverbänden der Werbewirtschaft waren bisher wenig geeignet, die Entwicklung der Media-Agenturen vom Berater zum Medienhändler zu stoppen. Es
sollen hier keinesfalls die Media-Agenturen oder die Medien angeprangert werden.
Nur als kompetenter Kunde – also als Manager, der die Marktusancen kennt und
die Media-Terminologie beherrscht – sind Sie in der Lage, „Ihre" Media-Agentur
zu steuern.

Dieses Buch gliedert sich in 10 Kapitel. Sie erhalten zunächst einen Einblick in den Markt und die Arbeit der Media-Agenturen (Kapitel 1 und 2). Anschließend lernen Sie allgemeine, praktische Media-Guidelines kennen (worauf Sie beim Agenturvertrag achten sollten – Kapitel 3, wie erfolgreiche Media-Planung funktioniert – Kapitel 4, wie der Erfolg von Media-Maßnahmen kontrolliert wird – Kapitel 5). Kapitel 6 stellt die verschiedenen Mediengattungen und Werbeformen vor, Kapitel 7 beschäftigt sich im Detail mit dem größten Einzelmedium TV. Darum, wie ein externer Berater Sie unterstützen kann, geht es in Kapitel 8. Kapitel 9 widmet sich den Veränderungen im Markt und beschäftigt sich mit der Entwicklung im World Wide Web sowie den prosperierenden Social Networks. Und im Service-Kapitel 10 finden Sie schließlich eine Erläuterung der gebräuchlichsten Media-Begriffe sowie die wichtigsten Branchen-Informationsquellen.

Inhaltsverzeichnis

Das Verhältnis zwischen Medien, Kunden und Agenturen

Anfang der 90er-Jahre leiteten der Markteintritt der werbefinanzierten Fernsehsender und die damit verbundene Erweiterung des medialen Angebots eine rasante Entwicklung ein. Die Investitionen im Bereich der klassischen Medien verlagerten sich zunehmend von Print auf TV. Die TV-Anbieter konnten sich über Jahre an zweistelligen Zuwachsraten erfreuen und die Media-Agenturen konzentrierten ihre Arbeit mehr und mehr auf dieses eine Medium.

Media-Planung ist in erster Linie ein Handwerk mit klar umrissenen Aufgaben. Daran hat sich bis heute nichts geändert. Sie als Werbetreibender haben ein Marketingziel und wollen eine Botschaft kommunizieren, die Media-Agentur hat das Wissen um das mediale Angebot und sagt Ihnen, wie, wann, wo, wie oft und zu welchem Preis diese Botschaft kommuniziert werden muss, um sich im Gedächtnis des Konsumenten zu verankern. Die Medienanbieter liefern die Kommunikationsplattform.

Drei Partner also mit klar umrissenen Aufgaben, sollte man meinen. In der Praxis sieht es jedoch so aus, dass die Zusammenschlüsse auf Agentur-, Kunden- und Mediaseite dazu geführt haben, dass nur noch sechs global agierende Werbe-Holdings den Agenturmarkt dominieren. Durch die Zusammenschlüsse von Firmen zu Großkonzernen werden die gebündelten Werbeinvestitionen von einem immer kleineren Personenkreis gesteuert. Die Medienanbieter gruppieren sich in Sender-Familien, Großverlagen oder zu Monopolisten und versuchen, eine Marktbeherrschung zu erlangen. Damit bekommen die Vertriebsstrukturen im Bereich der Medien eine völlig neue Dimension.

Schaut man sich die klassischen Vertriebsstrukturen in der Industrie an (siehe Abb. 1.2), so kommuniziert der Hersteller traditionell auf verschiedenen Ebenen: Zum einen versucht er, den Markt mit Ansprache des Endverbrauchers durch klassische Werbung zu stimulieren. Zum anderen richtet sich sein Angebot an den Groß- und Einzelhandel. Mit zunehmender Macht der großen Handelsketten musste die

A. Marx, *Media für Manager*,
DOI 10.1007/978-3-8349-7192-0_1,
© Gabler Verlag | Springer Fachmedien Wiesbaden GmbH 2012

Abb. 1.1 Das
Medien-Kunden-
Agenturen-Verhältnis

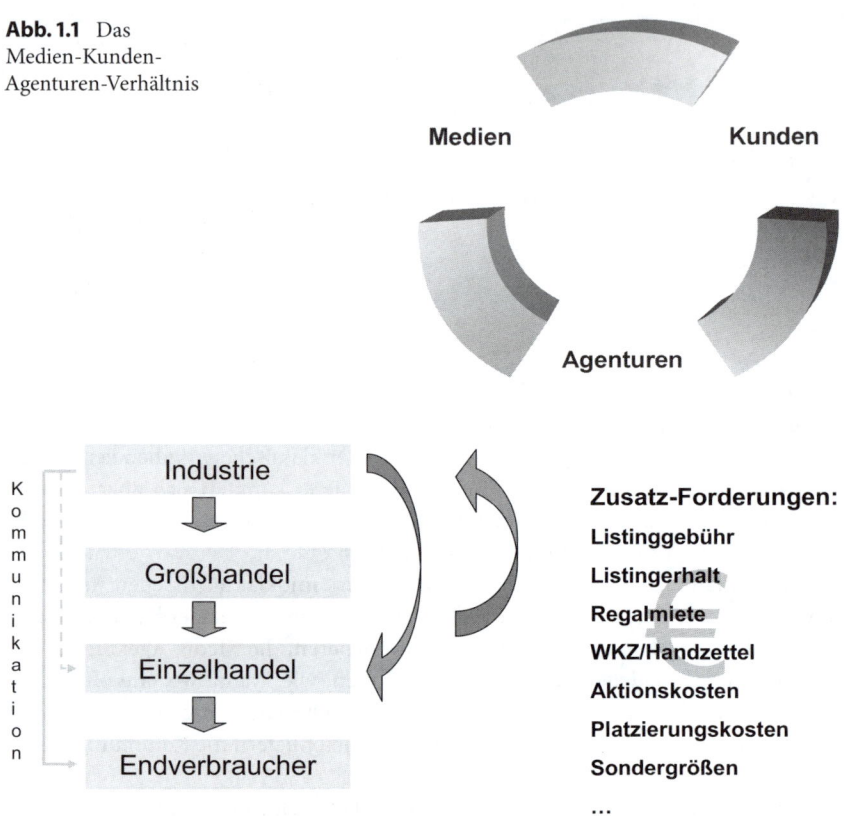

Abb. 1.2 Klassische Vertriebsstrukturen

Industrie lernen, deren Zusatzanforderungen wie Listinggebühr, Werbekostenzuschüsse, Sondergrößen und Regalmiete zu erfüllen.

Ähnlich entwickeln sich die Vertriebsstrukturen im Media-Geschäft. Kommunizieren die Medien ihr Angebot gegenüber Media-Agenturen und Werbetreibenden, so sehen sie sich zunehmend größeren Agentur- und Konzerngebilden gegenüber, die aufgrund ihrer Marktmacht Zusatzanforderungen stellen wie Agentur- und Konzernrabatte, Sonderzahlungsziele, Freispotkontingente im Bereich elektronische Medien, Research-Zuschüsse oder schlicht und einfach „Kickbacks", deren Existenz von allen Beteiligten offiziell nach wie vor geleugnet wird. Nichtsdestotrotz haftet den Agenturen der Geruch von „Media-Händlern" an, was die Objektivität

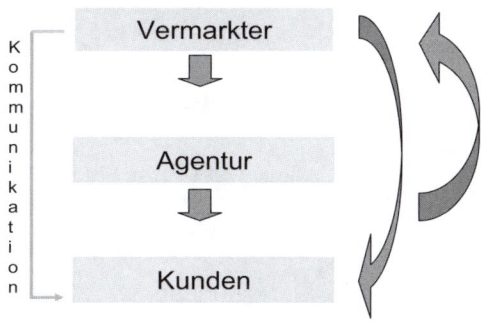

Abb. 1.3 Vertriebsstrukturen Media

der Agenturempfehlungen stark in Zweifel zieht. Hatte die Media-Agentur in den 90er-Jahren in erster Linie eine Beratungsfunktion, der der Medieneinkauf nachgeordnet war, so wurde das Geschäft in den letzten Jahren zunehmend durch Konditionsgeschacher beherrscht, was dem Einkauf eine Schlüsselfunktion brachte und Zweifel an der Neutralität der Media-Empfehlung schürte. Angesichts dieser Gemengelage ist es nicht verwunderlich, dass der Markt der Berater – allen voran der Media-Auditoren – prosperiert.

Der Vergleich zu klassischen Handels-Vertriebsstrukturen bietet sich also durchaus an. Man sollte sich jedoch immer wieder in Erinnerung rufen, dass die Media-Agenturen eine Beraterrolle innehaben und für das Media-Budget als Treuhänder fungieren sollten und keinesfalls als Medienhändler.

Beleuchtet man die Situation der Agenturen rein von der rechtlichen Seite, so haben sie tatsächlich eine Zwitterfunktion. Rechtlich gesehen kaufen die Agenturen zwar im Namen der Kunden ein. Den Medien gegenüber treten sie aber als Geschäftspartner auf und übernehmen zunächst auch die Haftung. Rutscht also ein Kunde in die Pleite, so muss die Agentur dafür geradestehen. Das unterscheidet die Agenturen von Handlungsbevollmächtigten wie zum Beispiel Steuerberatern, Rechtsanwälten und ähnlichen Berufsgruppen, die zwar auch im Namen ihrer Klienten agieren, jedoch alle Kosten erstattet bekommen und keiner direkten Haftungsübernahme unterliegen.

Die Agentur ist kein Medienhandelsunternehmen, sondern Treuhänder ihrer Kunden. Die Idealvorstellung ist, dass die Media-Agenturen primär als neutraler Berater tätig werden und als Treuhänder von Kundengeldern, nicht als Medien-

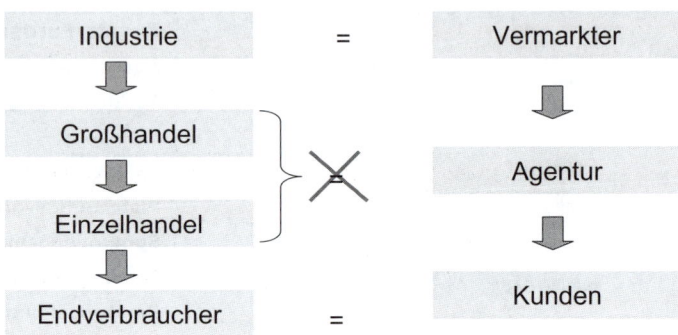

Die Agentur ist kein Medienhandelsunternehmen, sondern Treuhänder des Kunden

Abb. 1.4 Vergleich der Vertriebsstrukturen

händler mit undurchsichtiger Preispolitik. Dass Agenturen über Kickbacks verfügen, ist zum Beispiel mittlerweile „Common Knowledge". Unklar ist, ob die Kunden entsprechend ihrem Budgetanteil Anspruch darauf haben, daran zu partizipieren. Zurzeit ist es letztlich einzig und allein Sache der Agenturen, wie sie mit Agenturrabatten (z. B. mit agenturbezogenen Freispot-Kontingenten) verfahren und ob und in welcher Form sie ihre Kunden daran teilhaben lassen.

Zusammenfassend kann man sagen:
Die Medien haben Angst vor Oligopolen, Einkaufsmacht und Erpressbarkeit durch die Agentur-Konglomerate und sehen sich oft überzogenen Forderungen der Großkonzerne gegenüber.

Die Werbetreibenden – allen voran der Mittelstand – sind verunsichert angesichts der Konzentration des gesamten Media-Geschäfts auf nur sechs global operierende Agentur-Holdings. Genauso beklagen sie die wachsende Unübersichtlichkeit des medialen Angebots sowie mangelnde Preistransparenz und Planungssicherheit.

Die Media-Agenturen stehen unter starkem Kostendruck, da die Anforderungen der Kunden steigen. Sie sehen sich mächtigen Konzerngebilden gegenüber und kämpfen teilweise jedes Jahr aufs Neue um Vertragsverlängerung. Media-Pitches werden immer härter geführt, binden Personal und Geld und werden in der Regel über den Preis entschieden. Viele Media-Budgets werden nicht mehr von Deutschland aus gesteuert, sondern global – teilweise unter Vernachlässigung der hiesigen

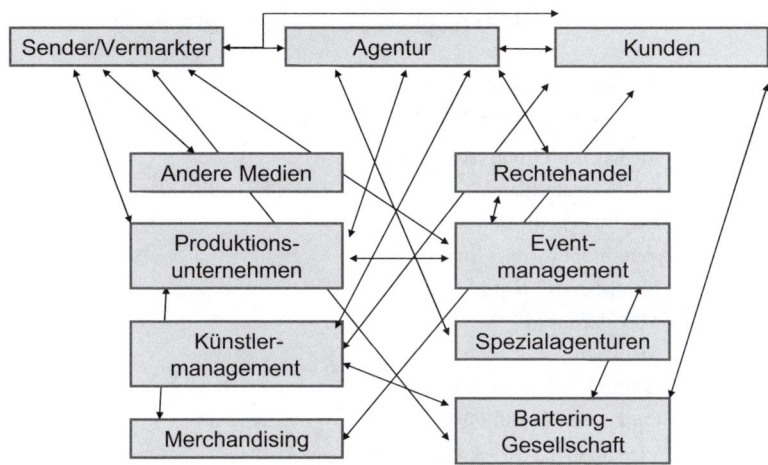

Abb. 1.5   Neue Partner im Kommunikationsgeschäft

Marktgegebenheiten. Gegenüber den Medien wiederum müssen sie um Gleichbehandlung fürchten. Dies hat ein ungebremstes Streben nach Größe und damit noch höherem Einkaufsvolumen zur Folge.

Immer mehr Partner wollen im Kommunikationsgeschäft mitreden und mit verdienen. Die Verflechtungen von klassischen Media-Angeboten untereinander sowie die Verknüpfung mit Eventmarketing, Merchandising und anderen Spezial-Disziplinen machen den Markt zunehmend unübersichtlicher.

Als Werbetreibender stehen Sie vor der Entscheidung, ob Sie Ihr Media-Budget durch eine der Mega-Agenturen platzieren oder sich lieber nach einer kleineren lokalen Media-Agentur umsehen sollen. Da gibt es die Theorie der Macht des Stärkeren, gelebt von den Großkunden, die sich Exklusivität und Loyalität ihrer Agentur durch die Höhe ihrer Media-Investitionen sichern und damit maximale Chancen und einen Wettbewerbsvorsprung gegenüber schwächeren Konkurrenten. Das Zauberwort in den vergangenen Jahren war „Konflikt". Agenturleuten war klar: Kundenkonflikte standen außer Frage. Es war ein ungeschriebenes Gesetz: „Arbeite niemals für zwei Konkurrenten in einem Markt". Wurde dieses Prinzip gebrochen, lief man Gefahr, in einer Gegenreaktion einen – oder sogar beide – Kunden zu verlieren. Diese Regel wurde auf Kundenseite durch Fusion und Zukäufe außer Kraft gesetzt, was dazu führte, dass sich immer mehr Marken unter einem Konzerndach wiederfinden. Genauso wie sich bis dato konkurrierende Agenturen in einer Holding gruppieren (Group M), müssen sich konkurrierende Werbetreibende damit

Tab. 1.1   Deutschlands größte Media-Agenturen; Quelle: Recma Ranking 2009

Markt-Anteil %	Agentur/Network (unabhängig/keine Networkanbindung)	Billing Mio. Euro
20,9	MediaCom/Group M	2.830
15,4	OMD Deutschland (GFMO, Media Team, Heye, M&M)	2.079
11,3	Carat/Aegis Media	1.497
9,1	ZenithOptimedia Group/Vivaki	1.232
8,4	Mindshare/Group M	1.130
8,3	MEC/GroupM	1.117
6,2	Mediaplus	832
5,0	Zenith Media/Zenith Optimedia Group	676
4,1	Optimedia/Zenith Optimedia Group	556
4,1	Vizeum incl. HMS & Dr. Pichuta/Aegis Media	556
3,3	Universal UM (Magna Global Buying Pool)	447
2,7	Pilot Media	364
2,3	Initiative (Magna Global Buying Pool)	308
2,1	MPG/Havas Media	286
1,6	Crossmedia	220
1,5	PHD/Omnicom Media Group	200
1,3	Starcom/Vivaki	172
1,0	Maxus/Group M	138
0,5	Moccamedia	76

auseinandersetzen, dass sie von unterschiedlichen Agenturen innerhalb einer Gruppe bedient werden.

Die Bezahlung der Agentur steht ganz bewusst am Anfang dieses Buches. Denn die unzureichende Honorierung der Agenturarbeit ist ein wesentlicher Grund dafür, dass die Agenturen ihre Arbeitsprozesse immer mehr standardisiert und die einzelnen Media-Pläne damit an Individualität verloren haben. Solange nicht faire Honorierungsmodelle gefunden werden, ist es müßig, mangelnde Transparenz im Media-Geschäft zu beklagen.

Betrachtet man das Ranking, so wird deutlich, dass die unabhängigen Media-Agenturen in Deutschland eine untergeordnete Rolle spielen. Ihre einzige Chance, sich im Markt zu behaupten, besteht darin, sich von den Networkagenturen zu differenzieren. Das kann so aussehen, dass sie sich einen Wettbewerbsvorteil sichern, indem sie sich beispielsweise auf die neuen Medien konzentrieren oder aber ar-

Tab. 1.2 Marktanteile 2009 Group M; Quelle: Recma Ranking 2009

Markt-Anteil %	Group M	Billing Mio. Euro
20,9	MediaCom/Group M	2.830
8,4	Mindshare/Group M	1.130
8,3	MEC/Group M	1.117
1,0	Maxus/Group M	138
38,6	Gruppe total	5.215

beitsintensive Bereiche wie Händlerwerbung (von Handzetteln bis hin zu Anzeigenkooperationen für Beilagen) abdecken. Diese Etats einzusammeln, überlassen die Networkagenturen gern den kleineren Wettbewerbern, die hier über die Jahre erhebliches Spezialwissen angesammelt haben und deren Stärke in dem Eingehen auf individuelle Kundenbedürfnisse liegt.

Die GroupM agiert für drei große Networkagenturen: MediaCom, MediaedgeCia und Mindshare, jede Agentur für sich genommen bereits von erheblicher Größe und Marktbedeutung. Zusammengerechnet konzentrieren sich immerhin fast 40 % aller Media-Investitionen in Deutschland auf diese drei Networkagenturen. Somit liegt also mehr als ein Drittel des deutschen Media-Geschäfts innerhalb einer Firmengruppe und man kann den Geschäftsführer der GroupM als den wohl wichtigsten Gesprächspartner für die Media-Anbieter bezeichnen. So kann es also in der Pitch-Situation passieren, dass mehrere Agenturen der Gruppe gegeneinander antreten. Dass die Konditionsangebote der GroupM-Agenturen untereinander abgestimmt sind, davon sollte man ausgehen. Immerhin erhöht sich für die Gruppe die Chance auf den Etatgewinn und man handelt nach dem Motto: Getrennt agieren, vereint schlagen.

Kein Wunder also, dass die GroupM in Sachen Media-Konditionen die Nase vorn hat. Mittlerweile bietet die GroupM Kunden Werbeplätze an, die sie auf eigene Kosten und eigenes Risiko ohne Beauftragung eines bestimmten Kunden erworben hat. Hier kann es sich zum Beispiel um Werbeplätze handeln, die im Rahmen von Waren- oder Programmbarter erworben wurden, oder um neuartige Werbeformen und cross-mediale Pakete. Diese Angebote erfolgen zum Festpreis und enthalten bereits alle Rabatte und Boni. Der Kunde wird explizit darauf hingewiesen, dass er zu Sonderbedingungen einkauft und Bestandteile des Media-Vertrages außer Kraft gesetzt werden – so zum Beispiel das Revisionsrecht. Die angebotenen Konditionen sind in der Regel sehr verlockend und verleiten dazu, Grundregeln der Transparenz außer Acht zu lassen.

Die Arbeit der Media-Agenturen

2

2.1 Die Honorierung der Media-Arbeit

Die Geschäftsmodelle der Media-Agenturen basieren in der Regel auf einer prozentualen Honorierung in Abhängigkeit von der Höhe des Media-Budgets. Die Entwicklung der letzten Jahre hat zunehmend zu einem einheitlichen Prozentsatz für alle Mediengattungen geführt, was die Agenturen zu einer Mischkalkulation zwingt und dabei außer Acht lässt, dass der Arbeitsaufwand der einzelnen Medien sehr unterschiedlich ist.

Die Standard-Bezahlungsmodelle der Media-Agentur (Agency Remuneration) sehen wie folgt aus:

- *Honorarsystem als Prozentsatz von den Media-Schaltkosten*
  Traditionell funktionierte das Modell wie folgt: Die Mittlervergütung von 15 % auf das Kundennetto (Tarifpreis minus Kundenrabatte) wurde an die Full-Service-Agentur gezahlt und war als Abgeltung der Agenturarbeit gedacht – und zwar für Kreativ- und Media-Leistung – zu Zeiten, als Kreation und Media aus einer Hand kamen. Die Trennung von Media und Kreation erlaubt nun den Kunden, ein Honorar frei auszuhandeln, die 15-prozentige Mittlervergütung der Medien wird an den Kunden durchgereicht.
  Das Honorar der Media-Agentur wird durch das Media-Budget des Kunden garantiert (in Form eines vereinbarten Prozentsatzes von den Media-Schaltkosten). Die Höhe des Honorars wird automatisch durch Wachstum oder Reduktion des Media-Budgets bestimmt.
  Dieses System hat den Vorteil, dass es leicht zu handhaben und leicht verständlich ist. Die Abwicklung erfolgt automatisch über die EDV-Einkaufs- und Buchungssysteme der Agenturen und Kunden. Das Honorar ist leicht zu kalkulieren und nachzuprüfen. Ein Nachteil ist, dass diese Honorierung nichts aussagt

A. Marx, *Media für Manager*,
DOI 10.1007/978-3-8349-7192-0_2,
© Gabler Verlag | Springer Fachmedien Wiesbaden GmbH 2012

über den Arbeitsaufwand, der je nach Mediengattung sehr unterschiedlich sein kann. Der Kunde läuft also Gefahr, dass die Empfehlungen der Agentur eigenen Interessen folgen und nicht unbedingt neutralen sachlichen Überlegungen zur Erreichung von Kundenzielen.

• *Honorarsystem als Prozentsatz von den Media-Schaltkosten plus leistungsbezogenes Zusatzhonorar*

Angesichts sinkender Honorarsätze (in der Regel wird die Media-Arbeit zu Honoraren von 0,5 bis 2 % vom Kundennetto abgerechnet) – haben sich die Agenturen neue Einnahmequellen erschlossen, indem das Honorarsystem um ein leistungsbezogenes Zusatzhonorar ergänzt wird. Die Agenturen locken Kunden mit übertariflichen Rabatten und dem Versprechen, an der Einkaufsmacht der Networks zu partizipieren. Sie schaffen damit eine Verbindung zwischen Einkaufsvorteilen und Budgetgröße. Nachteil dieses Systems ist die mangelnde Transparenz. Außerdem bietet es keinen Anreiz für die Agenturen zu einer kreativen und individuellen Beratung, da dieses System primär auf Massenmedien abzielt. Das Nachhalten und Überprüfen der Abrechnung kostet darüber hinaus Zeit und Geld.

• *Pauschalhonorar plus Bonus*

Der Kunde bezahlt ein monatliches Fixum, das sich an Budgetgrößen orientiert (Media oder Sales). Es wird eine prozentuale Skala festgelegt. Faustregel: steigendes Media-Budget = sinkendes Honorar. Der Bonus bezieht sich in der Regel auf verhandelte Einkaufskonditionen, bei der Beratung werden subjektive Kriterien wie Kundenzufriedenheit, Pünktlichkeit, Zuverlässigkeit etc. zu Grunde gelegt. Der Vorteil ist, dass die Agentur motiviert ist, eine gute Arbeit abzuliefern, da die Bezahlung unmittelbar an den Kundenerfolg gekoppelt ist. Nachteilig für die Agentur ist hierbei, dass wichtige Einflusskriterien für den Kundenerfolg außerhalb ihres Einflussbereiches liegen. Das System eignet sich in der Regel nur für „Fast Moving Consumer Goods" (FMCG).

• *Variables Honorar nach angefallenen Arbeitsstunden*

Das variable Honorar wird häufig eingesetzt bei Direktmarketing, Sales Promotion und Public Relation, Sponsoring, Online- und Below-the-Line-Aktivitäten. Das Stundenhonorar wird so kalkuliert, dass es die Mitarbeitergehälter, einen Anteil an den Overheads der Agentur und Profit abdeckt. Das System gibt der Agentur eine klare Verdienstmöglichkeit bei gezielter Aufgabenstellung. Für den Kunden hat es den Vorteil, dass er Aufgaben ohne langfristige Vertragsbindung lösen kann. Daher wird dieses Verfahren häufig für Projektaufträge angewendet. Weder Kunde noch Agentur haben eine klare Budgetierungsgrundlage, und das System sieht keine Effizienz-Anreize vor, was als Nachteil zu werten ist.

Doch gleichgültig, welches Honorierungssystem zu Grunde liegt, die Punkte der nachstehenden Checkliste sollten immer Berücksichtigung finden.

Vereinbarungen zur Agenturhonorierung sollten wie folgt sein:

- klar formuliert und leicht nachzuhalten;
- fair gegenüber beiden Partnern: Kunde und Agentur;
- in einer Linie mit Kunden- und Agentur-Prioritäten;
- ausgehandelt, bevor personelle Zusagen erfolgen;
- schriftlich fixiert in einem Media-Vertrag;
- flexibel genug für künftige Marktentwicklungen;
- Administrations- und Verwaltungsmaßnahmen kommunizieren;
- zukunftsfähig bei Personal-Veränderungen;
- auf abgestimmten und verständlichen Begriffen beruhen;
- Fristen und Review-Termine enthalten.

Modellrechnungen (Beispiele)

Man sollte meinen, das Interesse der Media-Agenturen liege primär darin, möglichst große Unternehmen mit hohen Media-Budgets im Kundenportfolio zu haben. Doch die folgenden Beispiele zur Honorarsituation mit unterschiedlichen Budgetgrößen demonstrieren, dass „Größe des Kunden" mit Profitabilität nicht unbedingt im Einklang steht.

Beispiel

Großkunde – Verhandlung und Zahlungsverkehr laufen direkt zwischen Kunde und Medien. Die Media-Agentur übernimmt die Detail-Planung, Platzierung und Abwicklung und erhält dafür ein Honorar von **0,4 %** vom Kundennetto.

Budget:
200 Mio. Euro Kundennetto = 800.000 Euro Agenturhonorar

Dieser Kunde beschäftigt ein Mitarbeiterteam von circa zwölf Leuten innerhalb der Agentur. In diesem Fall arbeitet die Media-Agentur mit Verlust – und wertet ihn als reinen Prestigekunden.

Beispiel

Großkunde – Verhandlung und Zahlungsverkehr laufen direkt zwischen Medien und Kunden. Die Agentur übernimmt die Detail-Planung, Platzierung und Abwicklung und erhält dafür **0,8 %** Einkaufshonorar. Für die Planung wird eine **Monatspauschale** von 90.000 Euro vereinbart.

Budget:
120 Mio. Euro Kundennetto = 960.000 Euro für den Media-Einkauf
Planungspauschale   = 1.080.000 Euro (12 × 90.000 Euro)
Gesamthonorar   **= 2.040.000 Euro**

Damit arbeitet die Media-Agentur in Bezug auf diesen Kunden für **1,7 %**. Das ist kostendeckend bei standardisiertem Arbeitsablauf und profitabel.

Beispiel

Mittelständisches Unternehmen – keine eigenen Medien-Verhandlungen, der Einkauf und Zahlungsverkehr läuft voll über die Agentur: Vergütung der Media-Agentur: **1 % vom Kundennetto.**

Zusatzvereinbarung laut Media-Vertrag:
„Die Agentur wird ihre volle Verhandlungskompetenz gegenüber den Medien dazu einsetzen, um höchstmögliche außertarifliche Rabatte für den Auftraggeber zu erzielen. Diese ausgehandelten Kostenvorteile (Sonderrabatte oder Ähnliches) werden zwischen Auftraggeber und Agentur 85 % zu 15 % aufgeteilt."

Budget:

10 Mio. Euro Kundennetto	Honorar
5 Mio. Euro TV Basishonorar	50.000 Euro
3 Mio. Euro Print Basishonorar	30.000 Euro
1 Mio. Euro Outdoor (GF) Basishonorar	10.000 Euro
1 Mio. Euro Tageszeitungen Basishonorar	10.000 Euro
Grundhonorar	100.000 Euro
plus 3 Mio. Euro Freispots 15 %	450.000 Euro
plus SMV* Outdoor Annahme 5 %	50.000 Euro
Gesamthonorar	600.000 Euro

Damit liegt das Honorar bei **6 %** vom Kundennetto und ist für die Media-Agentur nicht nur kostendeckend, sondern auch sehr profitabel!
* *Spezialmittlervergütung*

Diese drei Beispiele sind reine Modellrechnungen und beziehen sich auf keinen konkreten Kunden bzw. keine konkrete Agentur. Sie sollen nur verdeutlichen, wie die Geschäftsmodelle der Media-Agenturen grundsätzlich angelegt sind. Es ist für eine Agentur durchaus interessant, viele Kunden im Bereich der kleineren und mittleren Budgetgrößen zu haben.

Außerdem ist ein Kundenverlust im kleineren Budgetbereich für eine Agentur immer leichter zu verkraften als der Weggang eines Großkunden, der zwangsweise personelle Konsequenzen zur Folge hat.

Es ist schwierig, ein Agenturhonorar zu vereinbaren, das für den Kunden und die Agentur akzeptabel und fair ist. Vor Abschluss eines Media-Vertrages sollte die Höhe des Honorars genau bedacht werden. Folgende Faktoren haben Einfluss darauf:

- Kunden- und Agenturziele.
- Umfang der Arbeit – diskutieren Sie die gegenseitigen Vorstellungen über den Arbeitsaufwand.
- Die Dauer der Zusammenarbeit – vereinbaren Sie eine Laufzeit des Vertrages, damit schaffen Sie Planbarkeit für Personalentscheidungen im Sinne Ihres Unternehmens.
- Vertragsumfang und Geltungsbereich – welche Länder, Regionen, Medien?
- Agentur-Kosten-Kalkulationen basieren auf Mann-Stunden – vereinbaren Sie eine Profitmarge.
- Budgetgrößen für Media-Schaltungen – definieren Sie eine Staffel und vereinbaren Sie gegebenenfalls ein Mindest- oder auch Maximum-Honorar.

Zu beachten ist, dass jede Agentur mit eigenen Verträgen arbeitet. Muster von Standardverträgen finden Sie auf den Websites der Organisationen und Verbände (OWM, OMG, GWA).

2.2 Fehlende Transparenz

Vielleicht kennen Sie das: Bei Gesprächen mit Werbetreibenden wird seit Jahren beklagt, dass die Transparenz im Media-Einkaufsprozess unzureichend sei und man davon ausgehe, dass die Media-Agenturen zusätzlich zu den Kundenvereinbarungen auch „Agentur-Deals" haben. Die Verunsicherung und Besorgnis der Werbetreibenden ist groß und es bleibt die Frage, wie man professionell mit dieser Situation umgeht und welchen Einfluss es auf das zukünftige Geschäft und die Zusammenarbeit mit Agenturen haben wird. Generell brauchen Sie mehr Information über dieses Thema, ehe Sie einen pro-aktiven Kurs für Ihr Unternehmen ansteuern. Wenn also das Thema „Kickbacks" thematisiert wird, muss man sich doch fragen: „Über wessen Geld reden wir eigentlich?" und „Was ist Regel und was ist Praxis?", wenn es um Media-Transparenz geht?

Vielleicht sollten wir zuerst klären, was mit Media-Transparenz (oder einem Fehlen derselben) gemeint ist.

Media-Transparenz bedeutet: Werbetreibende, die einen Dritten beauftragen, in ihrem Namen Medien einzukaufen, bezahlen dafür denselben Preis wie die Agenturen. Das ist Transparenz: Alles andere ist undurchsichtig – und damit Augenwischerei.

In der Vergangenheit erregte die Interpublic Group große Aufmerksamkeit durch die Erstattung von 250 Mio. US-Dollar an ihre Kunden. Dieses resultierte aus Rabatten, die die Interpublic-Agenturen von Medien aufgrund ihrer Media-Einkaufs-Volumina erhalten hatten. Man war zu der Auffassung gekommen, diese Rabatte stünden den Kunden zu. Durch diese in der Öffentlichkeit sehr beachtete Aktion hat IPG große Nervosität bei allen Wettbewerbern verursacht. Mit der „Sarbanes-Oxley-Akte" wurde in den USA bereits 2002 eigens ein klärendes Gesetz geschaffen mit dem Ziel, das Vertrauen der Anleger in die Richtigkeit und Verlässlichkeit der veröffentlichten Finanzdaten von Unternehmen wiederherzustellen. Das IPG-Vorgehen bringt die Situation auf den Punkt und macht Media-Transparenz zu einer globalen Sache, die häufig eine „Fall zu Fall"- oder „Markt zu Markt"-Lösung erfordert.

In Frankreich beendete 1993 das „Sapin-Gesetz" („Loi Sapin") über Nacht den „Media-Großhandel", der den französischen Markt beherrschte. Media-Einkäufer kauften große Volumen bei den Medien und verkauften diese an ihre Kunden oder frei im Markt mit riesigen Gewinnspannen. In Deutschland und in vielen europäischen Ländern ist fehlende Transparenz immer noch das Hauptproblem.

Niedrige Honorare verführen die Agenturen. Ein Element, das alle Länder vereinigt und somit das Problem „globalisiert", wird von Werbetreibenden stimuliert, die immer niedrigere Honorare an ihre Agenturen zahlen und diese damit zu dem Punkt bringen, sich neue Erlösquellen zu erschließen, um ein konventionelles Einkommen zu generieren. Wenn nicht etwas unternommen wird in Bezug auf die Agenturhonorare, werden Werbetreibende und ihre Media-Agenturen auch weiterhin damit leben müssen – bei allem Misstrauen, Gerüchten und versteckten Andeutungen –, dass niedrige Honorare durch einen großen Anteil versteckter Media-Rabatte kompensiert werden.

Im Herbst 2006 stand das System der Medienvermarktung in Deutschland im Blickpunkt des öffentlichen Interesses. Erst erschütterte die Affäre um Ex-Aegis-Chef Alexander Ruzicka die Branche (ihm wurde Veruntreuung von Geldern in zweistelliger Millionenhöhe vorgeworfen). Im Sommer 2007 verschickte das Kartellamt Fragebögen an die Großagenturen. Durchsuchungen bei den beiden großen TV-Vermarktern IP Deutschland und SevenOneMedia und einigen Media-Network-Agenturen folgten. Gegen die Vermarkter wurde nun von Seiten der Staatsanwaltschaft ermittelt. Sie mussten sich dem Vorwurf stellen, ihre marktbeherrschende Position zu Ungunsten kleinerer Marktteilnehmer (Sender) zu nutzen, indem sie den Agenturen und Kunden sogenannte Share-Deals anboten. (siehe auch Abschnitt 7.3). Die Vermarkter, massiv unter Druck geraten, setzten eine Diskussion in Gang, die das gesamte Rabattierungssystem zur Disposition stellte. Es ist verständlich, dass die Agenturen sehr besorgt waren und verhalten reagierten, hätte doch eine Änderung in der Rabattpolitik auch ihre Geschäftsmodelle in Frage gestellt.

Ein Wegfall von Naturalrabatten, von außertariflichen Agentur- und Kundenvorteilen oder der AE-Provision hätte vor allem die großen Network-Agenturen getroffen und erheblich geschwächt. Kein Wunder also, dass sie ihre „Pfründe" verteidigten und die Kunden dahingehend verunsicherten, dass sie das Gespenst allgemeiner Preissteigerungen an die Wand malten. Einige Agenturen gingen sogar so weit, die gesamte Kartellamtsaktion als „politisch-taktisches Manöver" der TV-Vermarkter zu bezeichnen, um mittels der Berichterstattung der Fachpresse das Terrain für eine allgemeine Verteuerung der TV-Kosten zu sondieren.

2.3 Honorierungsmodelle

Doch in weiten Kreisen von Kunden und Vermarktern war man sich einig, dass das gesamte System reformbedürftig sei. Drei Modellvarianten wurden im Markt diskutiert:

- *Treuhändermodell*
  Die Agenturen handeln im Auftrag des Kunden; Rabattvorteile und Mittlervergütung werden an den Kunden durchgereicht.

- *Brokermodell*
  Die Agentur tritt als Großhändler auf; die Mittlervergütung (AE) wird abgeschafft, der TKP (Tausender-Kontakt-Preis) wird um die Mittlervergütung (AE) reduziert. Die Agentur kauft Kontingente vom Vermarkter und verkauft sie an die Kunden weiter. Der Vermarkter entlohnt die Agentur über ein festes Konditions- und Rabattsystem.
- *Modell Skandinavien*
  Mittlervergütung (AE) und Kickbacks entfallen; Kunden und Vermarkter bezahlen gemeinsam die Agentur; jeder zahlt zwischen 1,5 und 2,5 %.

Die Agenturen betonten Gesprächsbereitschaft, machten aber auch klar, dass das nicht zu Lasten ihrer Konditionen gehen dürfe. Ein Beharren auf Besitzständen bildete keine gute Voraussetzung für eine wirkliche Reform und mehr Transparenz im Media-Geschäft. Von Seiten der Verbände wurde der Ruf nach einem „runden Tisch" laut, um eine verträgliche – und vor allem einheitliche – Regelung zu finden. Das wiederum war gar nicht im Sinne des Kartellamtes, das unterschiedliche Vergütungsmodelle als Garant für mehr Wettbewerb sah.

Was ist also daraus geworden? SevenOneMedia schaffte 2007 zunächst die Naturalrabatte (Freispots) ab, musste aber bereits nach wenigen Monaten zurückrudern, als die Umsätze einbrachen. Der Markt beschwerte sich, dass die Abrechnungssysteme verkompliziert würden. Kunden drohten mit Abzug von Werbegeldern. Letztlich kann man sagen, die ganze Bundeskartellamtssache ging aus wie das Hornberger Schießen.

Die Rabattsysteme sind heute intransparenter als jemals zuvor. Share-Deals gibt es zwar nicht mehr, jedenfalls nicht unter diesem Namen. ProSieben hatte ein Bußgeld von 120 Mio. Euro akzeptiert, der Konkurrent RTL musste 96 Mio. Euro berappen, das tat weh. Die Verfahren gegen die Geschäftsführer der Vermarkter wurden eingestellt. Damit kamen die Untersuchungen des Bundeskartellamts zum Erliegen. Im Jahre 2009 hat der Vermarkter El Cartel Media die Share-Deal-Problematik noch einmal aufgegriffen, und die Sache beschäftigt erneut die Gerichte, wobei die große Schwierigkeit darin besteht, den wirklichen Schaden für die kleinen Sender nachzuweisen, der aufgrund der Share-Deals entstanden sein soll, und diesen Schaden dann auch noch zu beziffern.

Fakt ist heute: Letztlich sind Agenturrabatte hoffähig geworden. Der Cashanteil an den Rabatten ist etwas gestiegen und die Agenturen lassen sich ihre Verhandlungsleistung (also die Marktmacht im Medieneinkauf) durch eine sogenannte „Sharing-Fee" vergolden. Waren die Beteiligungsmodelle früher primär auf TV gemünzt und bezogen sich auf Freispots, so werden heute in der Regel alle Medien einbezogen, und speziell im Bereich Online ist eine Diskrepanz der Brutto-Netto-Schere zwischen 50 und 80 % keine Seltenheit. Freiwillig teilt also die Agentur die außertariflichen Einkaufsvorteile mit den Kunden und berechnet dafür eine prozentuale „Sharing-Fee" in ausgehandelter Höhe.

Die Affäre Alexander Ruzicka ist dabei undurchsichtig geblieben. Obwohl wegen Veruntreuung von Agenturgeldern mittlerweile rechtskräftig verurteilt (er sitzt seit 2006 eine mehr als elfjährige Freiheitstrafe ab), beschäftigen Nachfolgeprozesse die Gerichte. Die Ruzicka-Affäre hatte die ganze Freispotproblematik ins Licht der Öffentlichkeit gerückt. Die Erwartung, dass sie zu mehr Transparenz im Markt führen könnte, wurde jedoch enttäuscht. Schlimmer noch: Man hat den Eindruck, dass der letzte Rest von Transparenz auf der Strecke geblieben ist.

Die Lösung liegt im Agenturvertrag

Im Agenturvertrag zwischen Media-Einkäufer und Werbungtreibenden werden die Rahmenbedingungen der Zusammenarbeit klar festgelegt. Bedenken Sie, in vielen Ländern agiert die Media-Agentur rechtlich im eigenen Namen und nicht als „Mittler". In diesem Fall ist jede Transaktion zwischen Media-Agentur und Medienverkäufer nicht Sache des Kunden. (Anders sieht es aus, wenn die Agentur ausdrücklich im Namen des Kunden agiert und somit eine rechtlich völlig andere Funktion übernimmt.) Ein sicherer Weg zur Klärung und Entschärfung der Situation ist es, wenn Werbetreibende zunächst die rechtliche Situation der Länder und die entsprechenden Passagen ihres Vertrags überprüfen. Diesen ersten Schritt sollte man umsetzen, ehe man sich über Agentur-Deals entrüstet, die die Agentur eventuell eingegangen ist. Letztendlich ist es die Angelegenheit der Agentur, was diese mit ihrem Geld macht.

Nach dem Motto „caveat emptor" (soll sich doch der Käufer in Acht nehmen) ist es verständlich, dass Werbungtreibende wissen wollen, wo sie mit ihrem Unternehmen im Markt stehen. Ist es doch ihre Pflicht und dient es dem eigenen Schutz, dass sie auf Basis dessen verhandeln müssen, was erzielbar ist – für einzelne Märkte (oder Regionen). Ich empfehle meinen Kunden, deren Geschäft von dieser Situation berührt wird, sich „unaufgeregt" und in einer ruhigen Phase des Themas anzunehmen. Kleinere Unternehmen können durchaus einen Nutzen ziehen aus der „Größe" (also Einkaufsmacht) ihrer Media-Agentur, wenn sie eine praktikable Lösung finden, die im Media-Vertrag verbindlich verankert wird. Klarer Kopf und Emotionslosigkeit auf beiden Seiten sind gefordert. Bei fehlenden Marktkenntnissen empfiehlt sich die Hinzuziehung Dritter als neutrale Ratgeber.

Die vom Verband der Werbetreibenden bereits 2004 formulierte Vereinbarung „Code of Conduct" blieb lediglich eine nette Absichtserklärung, die nur unverbindliche Formulierungen enthält.

Im Zusammenhang mit der Diskussion um neue Vergütungsmodelle mussten selbst die Verbände zugeben, dass ihr „Code of Conduct" kein geeignetes Mittel sei, um für Markttransparenz zu sorgen. Angesichts des drastischen Vorgehens des Bundeskartellamts und des massiven Drucks durch die Berichterstattung der Medien bekundeten sowohl OWM (Organisation Werbungtreibende im Markenverband) als auch OMG (Organisation der Media-Agenturen im GWA) Gesprächsbereitschaft zur Diskussion neuer Vergütungsmodelle. Dies wirkte auf mich wie der verzweifelte Versuch, das Heft in der Hand zu behalten und dabei die Besitzstände der Agenturen und Großkunden weitestgehend zu sichern. Man gemahnte zur „Ruhe" und warnte vor „Schnellschüssen". Letztlich standen und stehen an der Spitze der Verbände die Personen, die in den vergangenen Jahren das später beanstandete System etabliert haben. Leider wurde die Chance zu einer grundlegenden Veränderung im Markt vertan. Der OWM hat im Laufe der Jahre verschiedene Papiere veröffentlicht, die sich mit Themen befassen wie:

Zusammenspiel der Werbungtreibenden mit der Media-Agentur

- Honorierung der Media-Agentur
- Leistungsspektrum der Media-Agentur
- Transparenzmodell des OWM

Es lohnt sich allemal, diese Empfehlungen im Internet nachzulesen, zumal diese auch für Nicht-OWM-Mitglieder zugänglich sind.

Der Agenturvertrag

3

3.1 Aufgaben der Agenturen

Wenn Sie eine Media-Agentur einschalten möchten, wird zwischen Ihnen und der Agentur ein schriftlicher Vertrag geschlossen. Sie beauftragen die Agentur mit der Betreuung und Durchführung aller Media-Aktivitäten innerhalb der Bundesrepublik Deutschland exklusiv – entweder für Planung und Einkauf, wenn beides in den Händen einer Agentur liegt – oder getrennt für das eine oder andere. Der OWM empfiehlt, den „Code of Conduct" zum Vertragsbestandteil eines jeden Media-Agenturvertrages zu machen. So unverbindlich, wie der Text abgefasst ist, sorgt er weder für mehr Transparenz noch garantiert er Rechtssicherheit. Ein Bezug darauf schadet jedoch auch nicht.

Es werden die Aufgaben der Agentur aufgelistet nach den Bereichen:

- Media-Analyse und -Forschung,
- Media-Strategie,
- Media-Beratung und -Planung,
- Media-Einkauf und -Abwicklung.

3.2 Mediengattungen

Anschließend werden die Mediengattungen genannt, für die dieser Vertrag Geltung hat: Print, Fernsehen, Funk, Online, Kino, Plakat, Point-of-Sale-Medien, sonstige Ambient-Medien und weitere Medien.

Für länderübergreifende Betreuung werden in der Regel gesonderte Verträge abgeschlossen.

A. Marx, *Media für Manager*,
DOI 10.1007/978-3-8349-7192-0_3,
© Gabler Verlag | Springer Fachmedien Wiesbaden GmbH 2012

3.3   Regelung der Zusammenarbeit

Der Vertrag regelt die Zusammenarbeit in Sachen Media-Strategie, Media-Beratung und Media-Planung sowie den Media-Einkauf. Hier gilt es klar festzulegen, ob die *Auftragserteilung an die Medien im Namen der Agentur oder im Namen des werbungtreibenden Unternehmens erfolgt.* Ist die Auftragserteilung an die Medien auf den Kunden bezogen, kann er eine Kopie dieser Auftragserteilung verlangen.

In den Media-Vertrag gehört ebenso eine Vereinbarung über die Vorgehensweise in Sachen Konditionsverhandlungen mit den Medien (eventuell mit Kundenbeteiligung).

3.4   Zahlungstermine

Zum Thema Skonto und Zahlungstermine ist es wichtig, die Agentur auf frühzeitige Rechnungsstellung zu verpflichten, damit Ihr Unternehmen in den Genuss von Skonti kommt und Zeit hat, rechtzeitig die Rechnungen zu prüfen und alle Skonti auszuschöpfen. Den Zahlungsterminen sollte man große Aufmerksamkeit schenken. Natürlich ist es für die Agentur interessant, das Geld frühzeitig im Haus zu haben und es dann möglichst spät an die Medien weiterzuleiten. Dafür sollten Sie wissen, wie die Marktusancen bei den Zahlungsbedingungen der Medien aussehen:

- *Print-Zahlungen mit Skontoabzug* (Magazine) sind in der Regel zum Erscheinungstermin des jeweiligen Titels fällig.
- *TV* bezahlt man laut Geschäftsbedingungen zum 15. des laufenden Monats für die Ausstrahlungen des gesamten Monats.
- *Outdoor* hat in der Regel Vorauszahlung.
- Für *Tageszeitungen* werden die Rechnungen nach Erscheinen erstellt; sie ermöglichen innerhalb bestimmter Fristen den Skontoabzug.

Je nachdem, wo Ihr Unternehmen seinen Schwerpunkt hat, lohnt es sich, mediengattungsbezogene Zahlungstermine zu vereinbaren. Es ist ausreichend, dass die Agentur fünf Tage vor Fälligkeit das Geld auf dem Agenturkonto hat und weiterleiten kann. Längere Vorfälligkeiten sollte man im Einzelnen mit der Agentur diskutieren. Natürlich ist es legitim, dass sich Agenturen absichern und gegebenenfalls über Bankbürgschaften oder Ähnliches sicherstellen, dass ihre Forderungen gegenüber dem Kunden gedeckt sind. Genauso sichern sich oft große Unternehmen ab und verlangen Bankbürgschaften von Agenturen, um sich gegen Veruntreuung ihrer Media-Gelder abzusichern.

3.5   Revisionsrecht

Lassen Sie sich im Vertrag unbedingt ein Revisionsrecht (auch durch von Ihnen beauftragte Dritte) einräumen.

3.6   Honorarvereinbarungen

Honorarvereinbarungen unterteilen sich nach Basis- und Zusatzhonoraren, die für bestimmte Zusatzleistungen der Agentur üblich sind. Es kann eine einheitliche Vergütung für alle Medien – alternativ eine Auflistung der relevanten Einzelmedien mit individuellen Honorarsätzen – festgelegt werden. Meistens nicht eingeschlossen in die vereinbarte Vergütung sind Kosten, die für den kostenpflichtigen Bezug von Fremddaten anfallen (zum Beispiel Nielsen-Werbeaufwendungen). Gegen Kostenvoranschlag werden diese berechnet, ebenso wie Spesen und Reisekosten, die bei der Agentur bei der Durchführung ihrer Arbeit anfallen und auf ausdrücklichen Wunsch des Kunden entstehen. Mit sinkenden Basishonoraren sind seit Mitte der 90er-Jahre Zusatzvereinbarungen üblich, die einen Teil des Agenturhonorars abhängig machen vom Erreichen von vorher zwischen Kunde und Agentur vereinbarten Zielen (zum Beispiel Einkaufsleistung, Zufriedenheitsbonus). Wichtig dabei ist, dass die Ziele klar definiert und eindeutig messbar sind.

3.7   Laufzeit des Vertrages

Die Laufzeit eines Media-Vertrages ist wahlfrei. Entweder setzt man Start- und Enddatum; üblich sind auch Formulierungen, dass sich der Vertrag automatisch um ein Jahr verlängert, wenn er nicht zu einem bestimmten Stichtag gekündigt wird. Wenn Sie die automatische Verlängerung wählen, laufen Sie Gefahr, einen Kündigungstermin zu versäumen, deshalb plädiere ich immer für feste Termine mit Verlängerungs-Option. Wichtig ist, dass Kündigungen schriftlich erfolgen müssen. Fristlose Kündigung aus wichtigem Grund (dazu zählen auch die Eröffnung des Konkurses oder die Eröffnung eines Vergleichsverfahrens) bleiben beiden Parteien vorbehalten. Für Agenturen ist wichtig, dass Festaufträge – soweit die Agentur Verpflichtungen gegenüber Dritten aus dem Vertrag eingegangen ist – für den Kunden unbedingt bindend sind, auch nach Vertragsende.

3.8   Konkurrenzklauseln

Konkurrenzklauseln sind üblich – angesichts der Network-Situation aber schwieriger zu formulieren. Schloss man in der Vergangenheit strikt aus, dass Agenturen für andere Kunden im Wettbewerbsumfeld tätig werden durften, so begnügt man sich heute vielfach mit „räumlicher Trennung" hinsichtlich involviertem Personenkreis, eigener Unit, „Chinese Wall".

3.9   Geheimhaltungsklauseln

Geheimhaltungsklauseln verpflichten die Agentur, über alle Geschäfte und Betriebsvorgänge, die ihr aufgrund der Zusammenarbeit mit dem Kunden bekannt werden, Stillschweigen zu bewahren und diese nicht an Dritte weiterzugeben. Diese Geheimhaltungsverpflichtung sollte auch über die Vertragslaufzeit hinaus Gültigkeit haben.

Ansonsten gelten wie für alle Verträge die üblichen Schlussbestimmungen von der „Salvatorischen Klausel" bis hin zum Erfüllungsort und Gerichtsstand. Hier empfiehlt es sich, den eigenen Standort als Gerichtsstandort zu verlangen.

3.10   Juristische Prüfung

Agenturverträge sind heute sehr komplex und werden in Unternehmen einer juristischen Prüfung unterzogen. Genauso wichtig ist es jedoch, dass eine weitere Prüfung durch eine Person erfolgt, die die Markt-Usancen im Bereich Media kennt. Sollte innerhalb Ihres eigenen Unternehmens so eine Person nicht zu finden sein, scheuen Sie sich nicht, Hilfe von außen durch einen sachkundigen Berater in Anspruch zu nehmen. Gerade im Bereich der Honorierung, der Zahlungsbedingungen – aber auch im Leistungsspektrum – gilt es, Fußangeln zu vermeiden. Bei „leistungsbezogenen Honoraren" ist es wichtig, die Bemessungsgrundlagen für diese Leistungen exakt zu definieren. Alle Agenturen verfügen über eigene Standardverträge, sowohl für den deutschen als auch für den internationalen Markt. Musterverträge mit ausführlicher Kommentierung finden sich auf den einschlägigen Websites von GWA und OMG und lohnen einen Blick. Hier verweise ich ausdrücklich noch einmal auf die Abwicklungsformen. Es ist entscheidend, ob die Agentur im Auftrag des Kunden handelt oder auf eigene Rechnung. Der OWM unterscheidet mittlerweile nach:

- „Die Media-Agentur handelt gegenüber den Medien im eigenen Namen und auf eigene Rechnung", rechtlich also als Vertragshändler in Form eines Geschäftsbesorgungsvertrags,
- „sie handelt im eigenen Namen und auf fremde Rechnung" als Kommissionsagent,
- „sie handelt als Vertreter im Namen des Kunden", hierunter fällt das Direktkundenmodell, das verschiedene Medien mittlerweile anbieten.

Die Organisation OWM gesteht den Agenturen zu, ihr Geschäftsmodell frei zu wählen, also auch, als eigene Wirtschaftsstufe zu agieren. Wichtig ist beim Thema Transparenz, klare Strukturen zu schaffen, und es sollte Ihnen klar sein, zu welcher Offenlegung Sie Ihre Agentur im Einzelfall verpflichten wollen. In der Zusammenarbeit ist ein hohes Maß an Vertrauen erforderlich, und man sollte sich als Werbungtreibender immer bewusst sein: Je umfangreicher die eingeforderte Agenturarbeit ist und je geringer die Entlohnung, desto größer ist der Anreiz, die Profite aus anderen Quellen zu speisen. Deshalb plädiere ich für eine faire Honorarvereinbarung ebenso wie für eine transparente Abwicklung des Media-Einkaufs. Das ist zwar mühsam und erfordert vielleicht, einen Berater (Auditer) zu involvieren, ist jedoch eine Investition, die sich für Unternehmen schnell auszahlt.

Erfolgreiche Media-Planung

4

Bevor wir uns der Media-Planung zuwenden, ist es wichtig, sich die grundsätzlichen Media-Aspekte anzusehen. Media ist immer noch stark national geprägt, allem voran durch die Sprache, aber auch in Bezug auf das mediale Angebot. Um effektiv und erfolgreich zu arbeiten, gilt es, die Schlüsselfaktoren in den einzelnen Ländern zu analysieren und voneinander zu lernen.

Sieben wichtige Punkte in Sachen Media, die in allen Ländern Gültigkeit haben:

1. Definieren Sie präzise Ihre Zielgruppe!
2. Erzielen Sie Aufmerksamkeit im Markt!
3. Werben Sie mit der optimalen Kontaktdosis!
4. Stimmen Sie alle Kommunikationsmaßnahmen aufeinander ab!
5. Planen und kaufen Sie Media-Leistung zu kompetitiven Preisen!
6. Betrachten Sie den Einkauf unter strategischen Gesichtspunkten!
7. Kontrollieren Sie die Media-Leistung Ihrer Kampagnen kontinuierlich und nutzen Sie aktuelle Erkenntnisse!

4.1 Das Media-Briefing

Das Media-Briefing ist die Basis für eine Media-Strategie, die wiederum als Grundlage dient für die Media-Planung und weiterführt zum Media-Einkauf. Drei Argumente sprechen für ein schriftliches Media-Briefing:

- Es spart Zeit und Geld.
- Es führt zu einer besseren und nachvollziehbaren Arbeit.
- Es macht die Honorierung fairer und kalkulierbar.

A. Marx, *Media für Manager*,
DOI 10.1007/978-3-8349-7192-0_4,
© Gabler Verlag | Springer Fachmedien Wiesbaden GmbH 2012

Das Media-Briefing ist eine Zusammenfassung aller Informationen, die zwischen Produktmanagement, Media-Agenturen und Kreativagentur im Vorfeld diskutiert wurden. Erfahrungen mit der Marke in Testmärkten gehören ebenso dazu wie Erkenntnisse aus anderen Ländern und Kenntnisse über Einflussfaktoren von Wettbewerbern. Durch das Briefing kennt die Agentur die Erwartungen des Kunden. Der Kunde wiederum ist gezwungen, seine Anforderungen und Erwartungen klar zu formulieren und dabei zu überdenken.

Es gibt unterschiedliche Ansätze, ein qualifiziertes Briefing zu schreiben. Alle Agenturen bieten ihren Kunden ein eigenes Briefingformular an, das Sie nutzen können. Folgende Punkte sollten abgedeckt sein:

- *Produktinformation*
  Beschaffenheit, Positionierung und Nutzen des zu bewerbenden Produktes.
- *Marktbeschreibung*
  Größe und Wachstumserwartung, angestrebter Marktanteil, Informationen über den Wettbewerb, Aktivitäten, Werbeinvestitionen, Launches und Gerüchte im Markt.
  Achtung: Hüten Sie sich vor dem Nachahmen Ihrer Konkurrenz. Streben Sie die Leitfunktion an.
- *Marketingziele*
  Setzen Sie klare Ziele: Wachstum um x %, Marktanteil von x %, Marktführerschaft bis ... erreicht etc.
- *Kommunikationsziele*
  Auch hier setzen Sie eine Messlatte in einem bestimmten Zeitrahmen, beispielsweise: Steigerung der Markenbekanntheit vom ... bis ... um x %.
- *Media-Leistungsziele*
  Diese orientieren sich an den Marketing- und Kommunikationszielen und sind in Form von Produkt-, Marken- oder Werbeerinnerung messbar (Tracking).
- *Medienauswahl*
  Hier spielen nicht zuletzt geplante oder bereits angedachte Werbemittel und Überlegungen der Kreativagentur eine Rolle. Die Media-Agentur sollte auf jeden Fall auch gefordert sein, kreative und unübliche Werbemöglichkeiten zu ermitteln und vorzuschlagen (Sonderwerbeformen).
- *Zielgruppe*
  Wen wollen Sie ansprechen? Welche soziodemografischen Merkmale, Interessen und Einstellungen hat Ihre Zielperson? Ist sie schwerpunktmäßig in einem bestimmten Milieu anzutreffen? Präferiert sie bestimmte Medien oder gibt es andere Ansatzpunkte, den Personenkreis einzugrenzen? Wählen Sie eine Kernziel-

gruppe und eine Referenzzielgruppe. Der Zielgruppenüberlegung kommt also große Bedeutung zu hinsichtlich:

- Demografie: Alter, Geschlecht, Haushaltsgröße, Einkommen, Bildung
- Psychologie: Milieus, Nutzung, Lifestyle, Lebensumstände und Wertvorstellungen

Aufgabe der Media-Agentur ist es, die Merkmale der Marketing-Zielgruppe möglichst genau in eine Media-Zielgruppe umzusetzen und zu prüfen, welche Markt-Media-Studien als relevante Informationsquellen herangezogen werden können. Die Media-Agentur kennt sich mit Käufer- und Verwendergruppen aus und verfügt über soziodemografische Daten. Zudem kennt sie Milieus und Typologien, Einstellung zu Marken hinsichtlich Sympathie und Kaufbereitschaft.

- *Saisonalität/Regionalität*
  Gibt es saisonale und regionale Erkenntnisse zur Marke und deren Verwendung?
- *Außergewöhnliche Gegebenheiten*
  Alle möglichen Einflussfaktoren und Einschränkungen.
- *Media-Budget*
  Im Zusammenhang mit dem Media-Budget gibt es in der Regel eine Vorstellung oder präzise Vorgabe. Dennoch: Fragen Sie die Agentur nach dem optimalen Budget zur Erreichung der gesetzten Ziele.
  Üblich ist die Vorgabe: „Was bekomme ich für 2 Mio. Euro?"
  Richtig ist die Frage: „Was kostet die Media-Leistung laut Zielvorgabe?"
  Das Media-Budget ist der größte Kostenfaktor im Marketing. Ein zu geringes Budget kann ebenso verschwendet sein wie ein zu großes.
  Zur Ermittlung der optimalen Budgetgröße sind folgende Faktoren hilfreich:
  - Erfahrungswerte eigener Marken
  - Analyse der Budgets von Wettbewerbern (Nielsen)
  - Erfahrungswerte fremder Marken mit gleichen Rahmenbedingungen
  - Werbeaufwendungen für eine Marke in anderen Ländern unter Anpassung an nationale Gegebenheiten
- *Zeitliche Vorgaben*
  Bereits im Juni/Juli sollte man sich Gedanken machen über das nachfolgende Jahr. Die Preisrunden und damit auch erste Konditionsverhandlungen der Media-Agenturen – allen voran im Medium TV – finden bereits im Juli/August statt, und die Agenturen setzen in der Regel die aktuellen Jahresbudgets bei der Planung an, da genehmigte Kostenpläne für das Folgejahr zu diesem Zeitpunkt eine Ausnahme sind.
  Ein schriftliches Briefing mit klarer Aufgabenstellung für die Agentur ist die beste Grundlage für eine erfolgreiche Zusammenarbeit. Schon allein dadurch, dass

der Kunde die Gegebenheiten über seinen Markt, sein Produkt und seine Erwartung an die Agentur schriftlich formulieren muss, ist er gezwungen, seine eigene Position zu überdenken. Die Agentur wiederum erhält ein klares Aufgabenprofil und damit eine Arbeitsgrundlage zur Entwicklung der Media-Strategie. Abbildung 4.2 zeigt das Muster eines Briefingformulars.

Liegt ein fundiertes Briefing vor, kann die Agentur mit der Arbeit beginnen. Zunächst wird sie sich mit der Marketingstrategie und den Kommunikationszielen beschäftigen. Ein wichtiger Punkt ist dabei die Zielgruppenbetrachtung und die Umsetzung der Marketing-Zielgruppe in eine Media-Zielgruppe. Alle Media-Kennziffern beziehen sich grundsätzlich auf definierte Zielgruppen, wobei Personen immer als Teil einer Grundgesamtheit gewertet werden.

Wir unterscheiden zwischen den folgenden Zielgruppenmerkmalen:

- *Zielgruppenmerkmale in der Markenwelt*
  - Bekanntheit von Marken
  - Sympathie von Marken
  - Verwendung von Marken
  - Kaufbereitschaft von Marken
  - Besitz von Marken
- *Zielgruppenmerkmale in der Medienwelt*
  - Nutzungsdauer
  - Nutzungsinhalte
  - Nutzungsmuster
- *Zielgruppenmerkmale beim einzelnen Konsumenten*
  - Soziodemografie (Geschlecht, Alter, Einkommen, Bildung)
  - Lebensstil (Milieus)
  - Einstellungen/Werte

In der Media-Planung wird zwischen dem quantitativen und dem qualitativen Ansatz unterschieden. Bei dem *quantitativen Ansatz* überwiegen soziodemografische Zielgruppen in der Media-Planung. Sie erlauben es, Personen hinsichtlich Geschlecht, Alter, verfügbarem Haushaltsnettoeinkommen und Bildung so einzugrenzen, dass man sie möglichst effizient ansprechen kann. Je mehr Kriterien man einsetzt, desto kleiner werden die Zielgruppen-Potenziale.

Der *qualitative Ansatz* hat die Lebensgewohnheiten und das Umfeld der Zielgruppen im Blick. Die „Sinus-Milieus" fassen Menschen zusammen, die sich in Lebensauffassung und Lebensweise ähneln. Die Identifikation erfolgt über die Erfassung aller Erlebnisbereiche, sei es Arbeit, Freizeit, Familie oder Konsum. Die ermittelten Werteprioritäten und Einstellungen werden mit dem sozialen Status

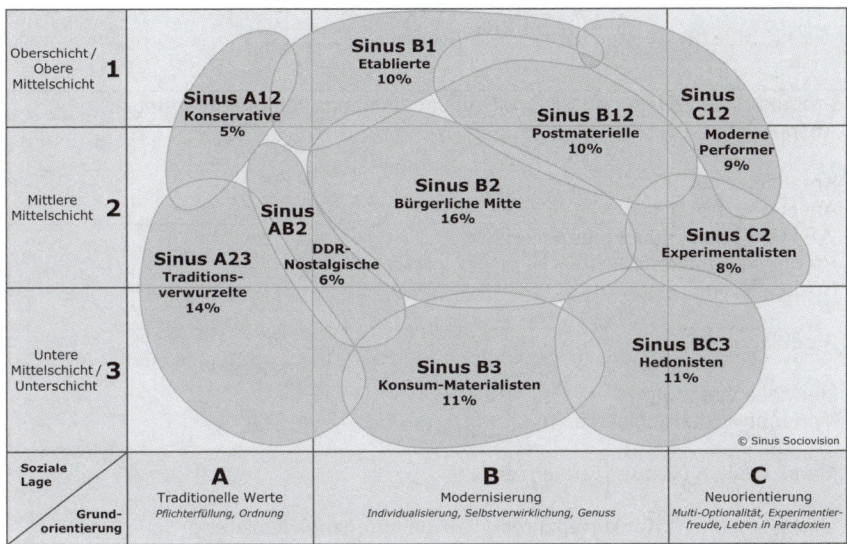

Abb. 4.1 Die Sinus-Milieus® in Deutschland 2007. Soziale Lage und Grundorientierung. Quelle: Sinus Sociovision GmbH

zu Basistypologien verdichtet. Eine Grundorientierung nach Gesellschaftsschichten (von Oberschicht über Mittelschicht bis Unterschicht) und der sozialen Lage, verbunden mit persönlichen Einstellungen und Werten der Zielpersonen, bilden die Grundlage für die Klassifizierung nach Milieus. Diese Milieus verbinden „traditionelle Werte" wie Pflichterfüllung und Ordnung mit „Traditionsverwurzelten", „Konservativen" und „DDR-Nostalgikern" und führen über die „bürgerliche Mitte" mit „Konsum-Materialisten" und „Etablierten" bis hin zu „Experimentalisten" und „modernen Performern". Dieser Ansatz kann für viele Marketingzielsetzungen sinnvoll sein, wenn man mit soziodemografischen Ansätzen nicht weiterkommt.

4.2   Die Media-Strategie

Die Media-Strategie ist Sache der Media-Agentur – idealerweise in Kooperation mit der Kreativ-Agentur. Sollten sich diese beiden Agenturen schwertun, kollegial zusammenzuarbeiten, ist es Ihre Sache als Kunde, hier durch Ihre Einflussnahme und

Produkt (bitte verwenden Sie pro Produkt ein separates Briefingformular):	
Ansprechpartner:	
Kreativagentur:	
Ansprechpartner:	
Wo steht das Produkt momentan? Produktinformationen Positionierung	
Produktnutzen	
Marktbeschreibung Marktentwicklung (historisch)	
Marktsituation (Größe, Tendenzen)	
Marktteilnehmer: Konkurrenzprodukte/Konkurrenzpositionierung	
Welche Ziele hat das Produkt? Langfristige Markenziele Ausbau der Marke?/Ausbau von Produktfamilien?/Verteidigung der Marktposition?	
Markenentwicklung: Bekanntheit, Positionierung, Markenpersönlichkeit (Was soll erreicht werden? Überprüfbare Ziele und konkrete Zahlen)	
Informationen zur Kampagne und zum Media-Einsatz Zeitlicher Einsatz Rundenaktivitäten, saisonaler Verlauf	
Promotion-Aktionen: Zeitpunkt, Inhalt	
Vorgaben zum regionalen Einsatz / Segmentationsstrategie international, national, lokal, regional	
Distributionsdaten nach Bundesländern/Nielsengebieten/Ortsgrößen/Schwerpunkten/Problemregionen	

Abb. 4.2 Muster eines Briefingformulars zur Media-Planung

Werbemittel und Ausstattung – falls bereits vorhanden		
	Format	Farbe
Print		
	Spotlänge	
TV		
Funk		
Sonstige Medien		
Kampagnen-Message Kampagneninhalte, Gestaltung, Motive		
Zielgruppen (demografisch und/oder psychologisch und/oder nach Verwendung) Globalzielgruppe		
Kernzielgruppe		
Media-Streuetat in 1000 Euro netto oder brutto		
Was darf real an Kosten anfallen? Falls der Media-Mix bereits festgelegt ist, bitte angeben:		
Gesamt (brutto/netto)		
Print		
PZ		
TZ		
FZ		
TV		
Funk		
Plakat		
Kino		
Online		
Sonstige		
Zusätzliche Informationen (zum Beispiel Marktforschungsdaten)		
Unterschrift Datum		

„sanften" Druck eine fruchtbare Arbeitsatmosphäre zu schaffen und zu verhindern, dass sich die strategischen Planer beider Agenturen in einen Wettbewerb begeben. Der erste Arbeitsschritt innerhalb der Agentur ist die Analyse des Briefings und der Planungsvorgaben. Die im Briefing formulierten Ziele werden zwischen Kunde und Media-Agentur (idealerweise auch Kreativagentur) abgestimmt. Zumindest muss die Media-Strategie der Kreativagentur zur Kenntnis gegeben werden.

Bei der Analyse des Briefings schaut sich die Agentur die Marketingziele an:

• Gilt es eine Marktposition zu verteidigen oder soll ein neues Produkt gelauncht werden?
• Welche Marketingmaßnahmen sind geplant?
• Wie ist das Produkt beschaffen?
• Wie sehen der Preis und die Distribution aus?
• Wie bekannt ist die Marke, welche Aktualität hat sie – also auch Markenverständnis, Image, Emotionen und Wertigkeit eines Produkts?
• Welche weiteren Kommunikationsmaßnahmen sind geplant im Bereich Below the Line, Sponsoring, Events?
• Wann soll geworben werden, national oder regional und mit welchen Inhalten?
• Wie sieht die Gestaltung der Werbemittel aus?

Danach beginnt die Agentur, die Planungsvorgaben in Media-Ziele umzusetzen und die einzelnen Medien auf ihre Eignung zur Erreichung dieser Ziele zu überprüfen. Dies umfasst selbstverständlich auch eine Überprüfung der Wirtschaftlichkeit der einzelnen Medien. Eine Zusammenfassung der Medieneignungsprüfungen führt zur Medienauswahl und Festlegung der Eckdaten für die anschließende Streuplanung und daraus resultierende Media-Maßnahmen des folgenden Jahres.

Unter Berücksichtigung der strategischen Vorgaben des Briefings wird überprüft:

• Welche Media-Informationsquellen stehen zur Verfügung (zum Beispiel MA, AWA, VA, Typologien, GfK, Sonderanalysen der Verlage etc.)?
• Wie lässt sich die Zielgruppendefinition auf Media anwenden?
• Wer ist die Zielgruppe und wie groß sind die Potenziale?
• Wie stellt sich der Wettbewerb anhand von Nielsen-Beobachtungen dar?

Haben sich verschiedene Mediengattungen zur Zielerreichung qualifiziert, steht die Entscheidung an, ob mit einem Media-Mix oder einer Monokampagne gearbeitet werden soll. Oft ergeben sich schon bei erster Betrachtung klare Präferenzen für Hauptmedium und Randmedien.

Tab. 4.1 Ziele der Medien im Media-Mix

Ziel	TV	Funk	PZ	TZ	Plakat	Kino
Image	x		x	x	x	x
Schnelle Penetration	x	x				
Hohe Reichweite	x			x		
Aktualität	x	x		x	x	
Schneller Reichweitenaufbau	x					
Zielgruppensprache	x		x	x		x
Detailinformation			x	x		
Regionalität		x	x	x		x
Hoher Werbedruck	x			x		
Schnelle Zielgruppenreaktion		x	x		x	x

4.2.1   Die Aufgaben der Medien im Media-Mix

Die Entscheidung für eine Mediengattung steht im Zusammenhang mit den vorhandenen oder geplanten Werbemitteln. Wichtige Aufschlüsse gibt die Betrachtung des Wettbewerbs. Sie macht deutlich, ob man auf Konfrontation geht – also zeitgleich werben will – oder dem Wettbewerbsdruck eher ausweicht. Entscheidend ist ebenfalls die Wirkungsweise: schnell oder kontinuierlich? Handelt es sich um eine Produkteinführung oder eine Follow-up-Kampagne? Es folgen dann die technischen Details:

• Reichweite – wie viele Personen?
• Kontakte – wie oft?
• Intensität – mit welchem Impact?
• Und last but not least die Anforderung an die Kommunikationsfähigkeit der Medien als qualitative Komponente.

Sind die Werbemittel bereits vorgegeben, also Anzeigen-Formate, Spotlängen, Plakatgrößen etc., bietet es sich an, diese dem Media-Planer schon frühzeitig zur Kenntnis zu geben. Neben der persönlichen Motivation bekommt er so ein weitaus besseres Verständnis für die gesamte Kommunikationsstrategie und ist in der Lage, gezielt nach kreativen Media-Ideen und Möglichkeiten zu suchen, sei es als Sonderwerbeform oder auch bei cross-medialen Überlegungen.

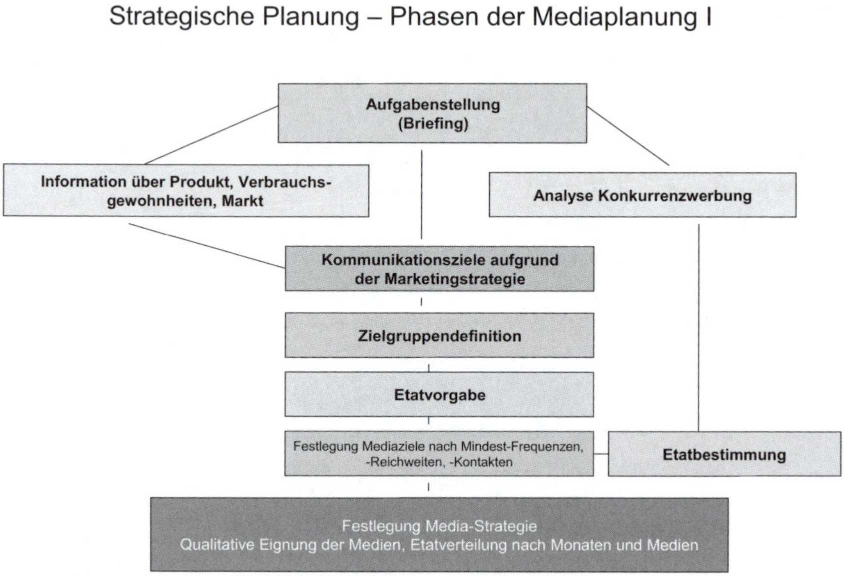

Strategische Planung – Phasen der Mediaplanung I

Abb. 4.3 Arbeitsablauf innerhalb der Media-Agentur

Die Media-Strategie wird dem Kunden präsentiert und als schriftliches Handout vorgelegt. Sie sollte alle Punkte des Briefings berühren und eine nachvollziehbare Begründung für die Medien-Empfehlung liefern. Die Strategie enthält noch keine Media-Detailplanung, legt jedoch eindeutig Mediengattung und messbare Leistungsziele fest.

Ist die Strategie diskutiert und vom Kunden verabschiedet – auch hier empfiehlt sich die Schriftform – kann die Media-Agentur mit der Detailplanung beginnen.

4.2.2   Die Media-Planung

Ebenso wie die Strategie ist der Planungsprozess primär eine Aufgabe der Media-Agentur, aber der Produktmanager sollte sich intensiv mit den vorgelegten Alternativen auseinandersetzen. Wichtige Überlegungen sind in diesem Zusammenhang:

- *Kontinuität*
  Versuchen Sie, innerhalb der budgetären Möglichkeiten möglichst gleichmäßig und lange mit Ihrer Werbung im Markt präsent zu sein.

- *Saisonalität*
Beachten Sie die preislichen Angebote der Medien. Nachfragebedingt haben einige Monate saisonale Aufschläge, andere Abschläge. Prüfen Sie, ob Sie diese Situation für Ihre Kampagne nutzen können.
- *Koordination*
Stimmen Sie alle Marketingmaßnahmen aufeinander ab – verlieren Sie die Marke nicht aus den Augen.
- *Dominanz*
Versuchen Sie, in Ihrem Segment die Nummer eins zu sein – dominieren Sie den Markt – zumindest in Ihrem Hauptmedium und in Ihrem Werbezeitraum. Konzentrieren Sie die Werbespendings gegebenenfalls auf ein Medium und einen Zeitraum.
- *Werbeumfeld*
Werbeumfeld ist nicht gleich Werbeumfeld. Lassen Sie Ihre Media-Agentur wissen, in welchem Umfeld Sie Ihre Marke nicht sehen wollen – die Agentur kann Ihnen aufzeigen, welcher Teil der Zielgruppe nicht erreicht wird, wenn man beispielsweise Medien mit dem Themengebiet „Sex" und „Gewalt" ausspart.
- *Einführungskampagnen*
Neue Produkte können auf keine Werbeerinnerung (Awareness) aufbauen und brauchen mehr Aufmerksamkeit. Splitten Sie daher Ihr Budget in Einführungs- und Ongoing-Kampagne.
- *Flighting*
Es ist eine Frage des Budgets, ob man sich durchgängige Kampagnen leisten kann. Bei kleinem oder mittlerem Budget empfiehlt sich ein Flighting, zum Beispiel: zwei Wochen werben, zwei Wochen pausieren.
- *Zielgruppen*
Planungen sollten auf der Kernzielgruppe basieren. Beobachten Sie aber trotzdem auch die Leistungswerte der Referenzzielgruppe. Entscheiden Sie sich dann für die Alternative, die beiden Zielgruppen am besten gerecht wird.

Wie wird nun ein Media-Plan umgesetzt?

Effektive Reichweiten- und Frequenz-Verteilung

Werbung braucht wiederholte Ansprache, der Konsument muss häufiger als einmal auf ein Produkt aufmerksam gemacht werden. Aber wie oft? Dafür gibt es keine verbindliche Regel, eher allgemeine Anhaltspunkte:

Einmal im Monat den Konsumenten zu erreichen, ist in der Regel zu wenig, zwanzigmal kann zu viel sein. Die effektive Frequenz zu ermitteln ist Aufgabe der

Strategische Planung – Phasen der Mediaplanung II

Abb. 4.4 Arbeitsablauf für die Detailplanung

Agentur, und dafür müssen viele Faktoren geprüft werden (zum Beispiel der saisonale Gesamtwerbedruck, Wettbewerbsaktivitäten).

Eine exakte Kontaktaussteuerung ist nicht möglich, Media-Planer definieren daher einen Kontaktkorridor – zum Beispiel zwischen drei und sieben Kontakte – mit dem Ziel, den Konsumenten mindestens dreimal und nach Möglichkeit nicht häufiger als siebenmal zu erreichen. Es gibt Erfahrungswerte und diverse Markt-Media-Studien zu diesem Thema. Lassen Sie sich nicht mit Durchschnittsfrequenzen abspeisen, schauen Sie sich die Kontaktverteilung genau an.

In der Regel fällt der Wirkungszuwachs in der Werbeerinnerung bei steigenden Kontaktzahlen immer niedriger aus, ein „Wear-out-Effekt" bei Kampagnen mit hohen Kontaktzahlen ist aber nicht zu erkennen.

Optimierung

Die Optimierung der Media-Pläne ist ein ständiger Prozess und zieht sich durch die gesamte Planungs- und Einkaufsphase. Geht es bei Print primär um die Rabattoptimierung im Vorfeld der Einkaufs- und Platzierungsabsprachen im Heft, so unterliegen die TV-Spots einem ständigen Optimierungsprozess der Programme bis zu zehn Tage vor Ausstrahlung. Alle Media-Agenturen haben in den 90er-Jahren komplex arbeitende TV-Analyse- und Prognose-Tools entwickelt, mit denen sie sich anfangs profilieren konnten, heute sind diese Tools jedoch ein Standard. In Abschn. 7.2 „Die TV-Planung in der Media-Agentur" finden Sie eine Darstellung, wie diese Tools arbeiten.

Einkauf/Konditionen
Die Grundregeln lauten:

- Media-Einkauf soll dem Media-Plan folgen!
- Alle Medienrabatte sind in Deutschland kundenbezogen!

Obwohl alle Media-Agenturen für sich reklamieren, nach diesen Regeln vorzugehen, wurden diese im letzten Jahrzehnt gründlich außer Kraft gesetzt. Traditionell führten die „Big-Spender" wie Procter & Gamble, Henkel, Nestlé, Beiersdorf, Ferrero – um nur einige zu nennen – immer ihre eigenen Konditionsgespräche mit den Medien-Anbietern und die Media-Agenturen waren außen vor. Heute beherrschen die weltweit agierenden Network-Agenturen den deutschen Media-Einkauf. Und obwohl alle noch von kundenbezogenen Rabatten reden, wird die Größe (und Einkaufsmacht) der Media-Agenturen von den Media-Anbietern goutiert. Was durchaus ein Vorteil für kleinere und mittlere Kunden sein kann, wenn sie sich bewusst sind, welche Rabatte die großen Media-Konglomerate erzielen, und darauf bestehen, daran zu partizipieren.

Wichtiges Prinzip für den Media-Einkauf
Werbekontakte kaufen wir zum niedrigstmöglichen Tausender-Kontakt-Preis ein – unter Einhaltung aller planungsrelevanten Anforderungen. Das klingt soweit einfach. Ist es aber nicht, denn Media-Einkauf lässt sich nicht mit dem Einkauf von Schrauben oder Nägeln vergleichen. Qualitative Faktoren sind im Media-Bereich schwierig zu fassen. So würde sich zum Beispiel eine TV-Kampagne nach dem Prinzip „günstigster TKP" nur in den Randzeiten (zum Beispiel in der Nacht) wiederfinden und niemals die angestrebte Reichweite in der Zielgruppe erlangen. Angesichts eines Marktes, wo die reguläre Preisliste außer Kraft gesetzt wird, ist es schwierig, generelle Einkaufsziele zu definieren. Trotzdem gibt es einige Grundsätze:

- Kaufen Sie zum besten Preis, ohne die Qualitätskriterien zu unterlaufen.
- Arbeiten Sie Zusatzrabatte in die Planung ein – nicht als On-Top-Leistung – und reduzieren Sie damit das Budget.
- Machen Sie Jahresabschüsse, wenn diese Vorteile bieten.

• Behalten Sie eine Budgetreserve für besondere Gelegenheiten, beispielsweise um besondere Angebote im Laufe des Jahres zu nutzen. Zudem bietet die Reserve einen Puffer im Zusammenhang mit Nachbelastungen der Medien, wenn im Laufe des Jahres Budgetkürzungen eintreten und Zielgrößen bei den Medienvereinbarungen nicht erreicht werden.

Wie viel Druck können Sie ausüben?

Machen Sie sich klar, dass für beide Partner – Anbieter und Käufer – immer eine „Win-Win-Situation" entstehen muss. Gehen Sie fair mit Geschäftspartnern um, Zuverlässigkeit und Sachkenntnis zahlen sich aus; unrealistische Ansagen und leere Versprechungen diskreditieren eher, als dass sie nützen.

Zusammenarbeit

Die Kunden-Agentur-Beziehung ist ein wichtiger Faktor, um optimale Ergebnisse zu erzielen. Der Kunde muss seiner Agentur vertrauen können und auch die Agentur darf Verlässlichkeit von Seiten des Kunden erwarten. Pflegen Sie daher eine faire und offene Beziehung zu Ihren Agenturpartnern.

Die im Agenturvertrag festgelegten Leistungen und Bemessungsgrundlagen sollen klar nachvollziehbar sein und jederzeit überprüfbar. Das vereinbarte Agenturhonorar muss die Kosten der Agenturarbeit abdecken und darüber hinaus einen Profit möglich machen. Was so einfach und selbstverständlich klingt, tut sich schwer in einem Markt, der durch Pitch-Veranstaltungen zu Dumping-Konditionen geprägt wird. Seien Sie vorsichtig, wenn Ihnen eine Media-Agentur einen Honorarsatz anbietet, der eine Null vor dem Komma aufweist, oder ihre Dienste gar komplett zum Nulltarif anbietet. Bei solchen Angeboten können Sie sicher sein, dass der Profit der Agentur aus einer anderen Quelle gespeist wird und das Prinzip „Media-Einkauf folgt der Strategie und Planung" außer Kraft gesetzt wird.

Wenn Sie als Werbetreibender unsicher sind, ob Sie eine marktgerechte Leistung von Ihrer Agentur bekommen und diese auch adäquat bezahlen, sollten Sie einen externen Media-Beratungsprofi hinzuziehen.

Die Erfolgskontrolle und Überwachung der Media-Maßnahmen

5

5.1 Ex-Post-Analysen

Firmen verbringen viel Zeit mit Planung und Einkauf – vernachlässigen jedoch häufig die Erfolgskontrolle. Eine kampagnenbegleitende Kontrolle gibt erstens die Sicherheit, dass die Planungsziele eingehalten wurden, und zweitens lernen wir aus den Ergebnissen für die Zukunft.

Es sollte eine Reportingkultur etabliert werden – und zwar pro Medium. Dabei werden geplante und erzielte Leistungswerte gegenübergestellt, Abweichungen ermittelt und erklärt. Brand-Awareness-Daten, Tracking-Studien und Marktforschungsdaten sollten regelmäßig gelesen und interpretiert werden.

Wichtig ist, die Reports möglichst zeitig nach Abschluss der Kampagne zu erstellen und zu verteilen.

5.2 Wettbewerbsaspekte

Richten Sie Ihre Media-Strategie und -Planung nach den Zielen und Bedürfnissen für Ihre Produkte. Beobachten Sie die Aktivitäten Ihrer Wettbewerber im Hinblick auf Werbeaufwendungen, Werbedruck, Kreation und Medienauswahl. Um sich im Markt zu behaupten oder den Angriffen von Wettbewerbern auszuweichen, ist es wichtig, die Strategie des Angreifers zu kennen oder zumindest nachvollziehen zu können.

Schützen Sie Ihre eigenen Interessen und sorgen Sie dafür, dass Ihre Media-Strategie und Media-Pläne sowohl intern als auch extern (bei Ihren Agenturpartnern) vertraulich behandelt werden.

A. Marx, *Media für Manager*,
DOI 10.1007/978-3-8349-7192-0_5,
© Gabler Verlag | Springer Fachmedien Wiesbaden GmbH 2012

5.3   Reporting

Halten Sie das Reporting einfach und beschränken Sie sich auf das Notwendigste. Dieses gilt für Inhalt und für Häufigkeit gleichermaßen – entfachen Sie keinen Papierkrieg, sondern etablieren Sie nützliche Standardreports, die jeder versteht.

Ein Report baut auf den anderen auf – im Jahresverlauf ergibt sich folgende Abfolge:

- Kunden-Briefing – und Updates im laufenden Jahr,
- Media-Strategie der Agentur,
- verabschiedete Detailplanung pro Medium,
- Kampagnen-Analyse und Vergleich mit der Planung,
- Erkenntnisse/Learnings.

Legen Sie für jeden Report einen Verteiler und ein Timing fest.

5.4   Zeitlicher Ablauf

Am Media-Prozess sind auf Kunden- und auch Agenturseite viele Personen beteiligt. Daher ist es wichtig, einen Zeitplan zu haben und diesen auch einzuhalten. Budgetierung, Media-Briefing, Media-Strategie und -Planung gefolgt vom Media-Einkauf bilden einen Jahreszyklus. Medien-Buchungen unterliegen einem Vorlauf vom Buchungs-, Druckvorlagen- bis Publikationsdatum. TV war traditionsgemäß das Medium mit dem längsten Vorlauf (öffentlich-rechtliche Fernsehsender zum 30. September des Vorjahres). Diese Regel gilt seit Eintritt des Privatfernsehens in den Markt nicht mehr, dennoch versuchen Anbieter und Agenturen im Jahresturnus Angebot und Preisfindung sowie Grundanbuchung bis Ende Oktober des Vorjahres unter Dach und Fach zu bekommen. Stark nachgefragte Programme in der Primetime könnten die Sender mehrfach verkaufen, während die Programme in der Daytime weniger nachgefragt sind. Die Ersteinbuchung der Agenturen arbeitet daher mit einer Quotierung für die Highlights und verteilt das restliche Budget gleichmäßig über den Tag. Die Vorlaufzeiten bei Print sind deutlich kürzer, aber auch hier ist es von Vorteil, Jahresabschlüsse über ein definiertes Seitenvolumen zu tätigen. Die Annahme, dass Planungssicherheit von den Anbietern durch optimale Konditionen belohnt wird, muss nicht immer zutreffen, da Medien, die im Laufe des Jahres unter Druck geraten, immer mehr zu Sonderangeboten neigen. Dieses gilt auch für das Medium Plakat. Konnte sich das Medium in der Vergangenheit lange

Vorlaufzeiten mit Festaufträgen und Vorauszahlung leisten, so bestimmt auch hier mehr und mehr die Nachfrage das Angebot.

Wichtig also für das Timing: Der Media-Prozess sollte so abgestimmt sein, dass die Agentur in der Lage ist, den Einkauf frühzeitig zu tätigen, um Zugriff auf die volle Verfügbarkeit der Medien zu garantieren. Angesichts der Schnelllebigkeit des Media-Geschäfts empfiehlt es sich, eine Budgetreserve zu halten, um aktuelle Angebote nutzen zu können.

5.5 Research und Testing

Alle Agenturen unterhalten eine Research-Abteilung, manche eigene Research-Tochterunternehmen. Von diesen darf man jedoch keine Primärforschung erwarten. Ebenso wie die Forschung der Medien-Häuser dem Zweck des Verkaufens der eigenen Produkte dient, werden die Forschungsabteilungen der Network-Agenturen zur Profilierung und als USP der Agenturgruppen eingesetzt. Die agentureigenen Tools arbeiten mit klangvollen Namen, da gibt es diverse „Observer", „Optimizer", „Pathfinder", „Allocator" und wie sie alle heißen. Lassen Sie sich nicht verwirren. Alle Tools arbeiten mit den im Markt verfügbaren Daten und können wertvolle Hinweise zur Gestaltung Ihrer Media-Aktivitäten liefern. Sie ersetzen jedoch keinesfalls Ihre eigene Marktforschung und individuelle Tracking-Studien.

5.6 Media-Training

Media-Training wird von den Medien (beliebt sind die Bauer-Media-Seminare), von Institutionen wie dem OWM, den Fachverlagen und natürlich auch von freien Veranstaltern sowie den Media-Agenturen selbst angeboten. Die Agenturen veranstalten dieses Training in der Regel kostenfrei für den Kunden, und die Devise „Was nichts kostet, ist auch nicht gut" gilt hier nicht. Die Agentur-Media-Seminare bieten neben dem Informationswert den Vorteil, dass sich Kunde und Agenturmitarbeiter kennen lernen. Bedient man sich der von den Media-Anbietern durchgeführten Veranstaltungen, ist es logisch, dass dabei die jeweiligen Medien des Veranstalters im Fokus stehen. Freie Seminare sind oft recht kostspielig und locken mit schönen Veranstaltungsorten. Doch es ist sinnvoll, das Seminarangebot sorgfältig zu sondieren. Ein Indiz für die Qualität ist die Kompetenz und das Erfahrungsspektrum des Seminarleiters.

Die Mediengattungen und Werbeformen   6

6.1   Media-Mix

Die Bruttowerbeinvestitionen lagen im Jahr 2010 bei fast 25 Mrd. Euro. Dabei entfielen gut 11 Mrd. Euro auf das Medium Fernsehen.

Nach wie vor ist das Medium TV das größte Einzelmedium im Media-Mix und Konzerne wie Procter + Gamble, Ferrero, Unilever, L'Oréal, Henkel und Danone scheinen nur dieses eine Medium zu kennen. Es ist aber bezeichnend, dass Firmen mit sehr junger Klientel wie McDonalds mittlerweile ihr TV-Investment herunterfahren zu Gunsten von Onlinewerbung.

6.2   Fernsehen

6.2.1   Das Medium TV

Im Folgenden werden wir uns mit dem Massenmedium Fernsehen und seiner Digitalisierung beschäftigen.

Das Medium Fernsehen bietet mit Wirkungskomponenten wie Farbe, Bewegung, Ton, Sprache, Geschwindigkeit und Kontrast zum Umfeld eine audiovisuelle, hoch emotionale Ansprache. Das Medium ist aktuell und bietet Unterhaltung und Information. Die Nutzung findet überwiegend zu Hause statt – allerdings wird jeder Spot nur einmal „genutzt". Es bedarf also einer gewissen Kontaktdosis zur Verankerung einer Werbebotschaft. TV erzeugt schnell Bekanntheit, fördert und aktualisiert Marken und wirkt imagefördernd. TV ist ein nationales Medium und bietet Zielgruppenselektion nach Programmumfeldern. Die öffentlich-rechtlichen Sender bieten die Möglichkeit einer regionalen Selektion im Vorabendprogramm der Landessendeanstalten. Das Angebot der privaten Sender bietet Werbemög-

A. Marx, *Media für Manager*,
DOI 10.1007/978-3-8349-7192-0_6,
© Gabler Verlag | Springer Fachmedien Wiesbaden GmbH 2012

Tab. 6.1 Werbeintensivste Firmen TV 2010. Angaben in Mio Euro und %. Quelle: Nielsen Media Research

Unternehmen	Bruttoinvestition	VA in %	TV	TV in %
Gesamt-Markt	**24.992,20**	**10,8**	**10.911,14**	**43,7**
Procter + Gamble	590,8	15,6	495,3	83,8
Media-Saturn-Holding	499,1	– 1,5	133	26,7
Ferrero	396,8	15,5	363,3	91,5
Albrecht (ALDI)	385,7	– 2,9	0	0
Unilever	348,8	13,1	259,2	74,3
L'Oreal HuP	330,7	1,2	273,9	82,8
Axel Springer	310,2	8,1	34,4	11,1
Lidl	258,9	–25,3	2,9	1,1
Edeka	237,0	7	25,0	10,6
Volkswagen	227,9	5,8	92,4	40,5
Telekom Deutschland	199,4	–21,2	100,9	50,6
Henkel	187,8	33,2	154,2	82,1
Danone	179,6	–13,4	172,3	96,0
Reckitt Benckiser	174,5	11,4	166,8	95,6
Mc Donalds	172,2	6,3	110,8	64,4

Zahlen: Nielsen Media Research

lichkeiten über die Zeitspanne 00:00 Uhr bis 24:00 Uhr an allen Tagen an – einzig reguliert durch das Mediengesetz mit der Maßgabe, dass 20 % (also zwölf Minuten) der Sendestunde für Werbung genutzt werden dürfen. Die öffentlich-rechtlichen Sendeanstalten unterliegen der Einschränkung, dass sie nur an Wochentagen Werbung ausstrahlen dürfen – und zwar 20 Minuten pro Tag, nicht an Sonn- und Feiertagen und nicht nach 20:00 Uhr. Das Werbeumfeld konzentriert sich damit auf das Vorabendprogramm zwischen 16:00 und 20:00 Uhr.

6.2.2   Die Digitalisierung des deutschen TV-Marktes

Was bedeutet „digitales Fernsehen"? Ein Fernsehbild besteht bei der analogen Ausstrahlung aus einer Folge von 25 Einzelbildern pro Sekunde (herkömmliches Verfahren). Bei der digitalen Variante wird nicht mehr jedes Einzelbild übertragen, sondern nur noch der Teil, der sich von Bild zu Bild tatsächlich verändert. Durch

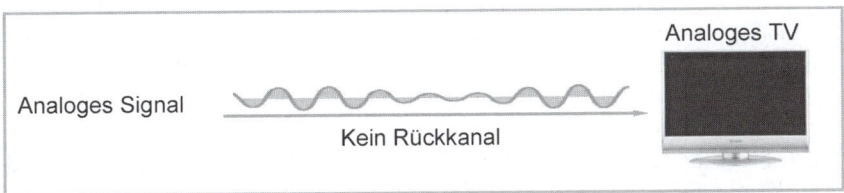

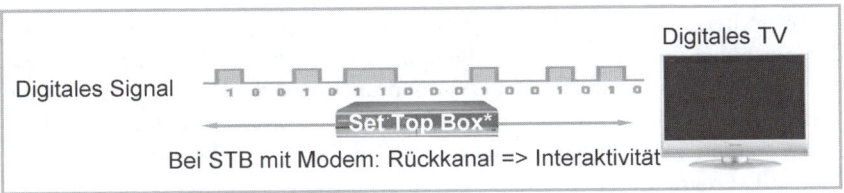

Abb. 6.1 Digitalisierung des deutschen TV-Marktes

diese Datenkompression können pro Frequenz anstelle von einem analogen Programm bis zu sechs digitale Programme übertragen werden.

Die Übermittlung des analogen TV-Signals ohne Rückkanal macht das Medium TV zu einem passiven Medium. Erst durch die Übermittlung eines digitalen Signals und Zwischenschaltung einer Set-Top-Box gibt es eine Rückkanalfähigkeit und damit die Öffnung zur Interaktivität. Die neue Generation der TV-Geräte hat diese Set-Up-Box in der Regel schon integriert.

Die Zahl der Digital-Haushalte nimmt ständig zu. Parallel dazu steigt das Angebot an digitalen TV-Programmen. Alle Senderfamilien offerieren Pay-TV-Angebote:

- *SevenOne:*
  „SAT.1 Comedy" + „Kabel 1 Classics"
- *RTL-Gruppe:*
  „Passion" + „Living"
- *ARD/ZDF:*
  „EinsPlus", „EinsExtra" + „Einsfestival"
  „ZDFinfo", „ZDFneo" + „ZDFkultur"

und 18 weitere Digitalsender in Planung

Die öffentlich-rechtlichen Sendeanstalten haben also hier die Nase vorn, sehr zum Leidwesen der privaten Anbieter. Während diese ein etwas „müdes" Programmangebot aus vorhandenen Ressourcen bestücken, also Weiterverwertung ihrer Trivial-Programme betreiben, haben die öffentlich-rechtlichen Anbieter ein schier unerschöpfliches Reservoir an qualitativem Content. Das Pay-TV-Bouquet von Unity Media und Kabel Deutschland bietet eine Reihe von Programmen unter dem Label „Filme & Serien", „Doku & Information", „Unterhaltung", „Kinder" und „Musik" und findet nur zögerlichen Absatz. Einzig „Sport" – hier insbesondere die Deutsche Bundesliga – beflügelt das Abo-Geschäft.

Ein weiteres neues Angebot ist „Maxdome": *Pay per View*. Zugang zu „Maxdome" ist über den klassischen TV-Empfänger möglich, aber auch per Breitband-Internet-Anschluss (zum Beispiel DSL) und über die Portale 1&1, WEB.DE und GMX. Auch hier ist die Akzeptanz im Markt noch zögerlich. Die Werbemöglichkeiten werden vom Vermarkter ausgelotet und liegen zwischen „Advertising on Demand", Programm-Sponsoring und freiem Content.

„Betty" als erster Versuch der interaktiven TV-Nutzung

„Betty", eine neuartige Fernbedienung, die im Januar 2007 auf den Markt kam, sollte Interaktivität beim Fernsehen möglich machen. Die Fernbedienung hatte einen eigenen kleinen Bildschirm und bot passend zum TV-Programm ein Begleitprogramm zum aktuellen TV-Geschehen. Der Zuschauer könnte mit der Fernbedienung auf das Begleitprogramm reagieren, also Informationen einholen, Warenproben ordern oder sich an Umfragen und Gewinnspielen beteiligen. „Bettys" Technik war einfach. Die traditionelle Fernbedienung konnte gegen „Betty" ausgetauscht werden, außerdem brauchte man noch einen Scart-Adapter im TV und einen Telefonadapter. Unterstützt wurde der Abverkauf von „Betty" durch Kooperationen mit dem Handel (zum Beispiel Media Markt und Tchibo) und durch eine TV-Kampagne auf den Haussendern des Vermarkters (SevenOneMedia), der parallel versuchte, den Werbetreibenden die Werbemöglichkeiten mit „Betty" schmackhaft zu machen. Angeboten wurde u. a. Kosmetik-Sampling, Einladung zur Automobil-Probefahrt, Geo-Targeting nach Regionen für das Angebot des Handels usw. Die Reaktion auf dieses Angebot im Markt war eher verhalten, so dass „Betty" zum Ende 2007 eingestellt wurde. Dieses Beispiel macht deutlich, wie schwer es ist, Angebote, die vom tradierten TV-Nutzungsverhalten abweichen, in den deutschen Markt zu drücken.

Um die Bedeutung des Mediums TV geht es in Kap. 7.

6.3 Publikumszeitschriften

Publikumszeitschriften bieten neben Information und Unterhaltung auch Lebenshilfe und Expertenstatus. Die Ansprache erfolgt durch Bild (Farbe) und Text. Die Nutzung findet vorwiegend zu Hause statt, die Nutzungsdauer ist variabel und in ihrer Häufigkeit wiederholbar. Die Inhalte werden sowohl rational als auch emotional übermittelt, und die hohe Anzahl von Spezialtiteln und redaktionellen Umfeldern bietet Selektionsmöglichkeiten nach vielfältigen Zielgruppenkriterien. Magazine werden in der Regel national belegt, einige Titel bieten jedoch auch regionale Belegung von Teilauflagen an.

Bei erklärungsbedürftigen Produkten sind Print-Titel ein gutes Basismedium mit hoher Reichweite und unbeschränkter Nutzungsdauer. Im Gegensatz zu TV erfolgt der Reichweitenaufbau langsamer. Print eignet sich zur Festigung von Bekanntheitsgrad und Image ebenso wie zur Vertiefung von Produktbotschaften. Neben den kreativen Elementen Bild, Schrift und Farbe ermöglicht Print Beilagen, Beikleber und die Einbindung von Warenproben.

6.4 Tageszeitungen

Das Medium Tageszeitung zeichnet sich durch hohe Aktualität und große Leser-Blatt-Bindung aus. Die Ansprache erfolgt durch Text und Bild (Farbe) sowohl im redaktionellen als auch im Anzeigenteil sowie in Rubriken. Die Nutzung erfolgt zu Hause, aber auch unterwegs und am Arbeitsplatz, und der Nutzungszeitpunkt ist beliebig – ein Schwerpunkt liegt jedoch am Morgen des Tages.

Tageszeitungen sind ein rationales Medium zur Vermittlung von Sachverhalten, Detailinformationen; sie wirken kurzfristig stimulierend und informierend. Die Belegbarkeit von Tageszeitungen erfolgt national (für breit angelegte Kampagnen) wie auch regional. Tageszeitungen stehen nach wie vor für eine hohe Glaubwürdigkeit und Akzeptanz und haben einen hohen Aktualitätsbezug mit geringeren Vorlaufzeiten als andere Medien. Im Hinblick auf das immer größere Angebot von Online-Information und die generelle Zunahme der Internetnutzung dürfte in bestimmten Bereichen dieses Mediums eine Verdrängung durch das Internet stattfinden.

6.5 Hörfunk

Hörfunk als Medium mit hoher Aktualität bietet Unterhaltung und Information. Die „Musikfarbe" des Programms entscheidet über die Zielgruppe. Jede Werbebotschaft wird nur einmal genutzt. Die Ansprache erfolgt durch Ton, Sprache und Musik und zeichnet sich durch Geschwindigkeit aus. Hörfunk ist als regionales Medium gut aussteuerbar nach Gebieten und Zielgruppen. Nationale Belegung erfolgt in der Regel über Kombibuchungen, hierbei wird in Kauf genommen, dass innerhalb der Kombis die Hörerschaft oft heterogen ist. Hörfunk ist das klassische Begleitmedium und bietet sich an zur Abverkaufsunterstützung, Vermittlung aktueller Kaufanstöße für bekannte Produkte und zur Reaktivierung von Basisbotschaften.

6.6   Plakat – Outdoor

Das Medium Plakat (oder Outdoor, auch „Out of Home-Media") ist prägnant, aktuell und je nach Standortqualität zu bewerten. Die werbliche Ansprache erfolgt durch Format, Farbe, Text und Art der Darstellung. Die Nutzung findet außer Haus statt und vorwiegend bei Helligkeit – aber viele Flächen werden mittlerweile auch beleuchtet. Das „klassische" Format ist die Großfläche, die nach Dekaden belegt wird (circa elf Tage Klebezeit). Plakate mit überdimensionaler Produktpräsentation vermitteln Appelle und setzen Impulse. Sie sind ein gutes Medium zur Unterstützung von Abverkauf und Vermittlung von Kaufanstößen. Traditionell war das Plakat das Medium der Zigarettenindustrie und Waschmittel-Werbung.

Nachdem Zigarettenfirmen nunmehr nicht mehr im Print werben dürfen und auch die Waschmittel-Werbung eher im elektronischen Bereich zu finden ist, spricht man nicht mehr von „Zigaretten-Netzen" oder „Waschmittel-Netzen". Heute wird das Medium von der Autoindustrie, dem Handel, der Getränkeindustrie und den Medien selbst gern eingesetzt.

6.7   Kino

Das Medium Kino bietet in erster Linie Unterhaltung und erlaubt ebenso wie TV eine emotionale Ansprache über Bild, Ton, Bewegung, Farbe, Musik und Sprache. Die Nutzungssituation ist außer Haus (und die Wirkung von Werbung wird verstärkt durch den verdunkelten Raum). Die Nutzungszeit liegt überwiegend abends, jede Botschaft wird einmal vermittelt. Kino eignet sich ideal zur Vermittlung von Emotionen und Stimmungen und ist das optimale Ergänzungsmedium für junge Zielgruppen. Die Selektion der Kinos ist regional, lokal und sogar einzeln möglich.

Ein Nachteil ist, dass Kinos unter Besucherschwund leiden. Die Verbreitung von Raubkopien aktueller Filme wächst sich zu einer ernstzunehmenden Bedrohung für die Kino-Branche aus.

6.8 Online

Das Medium Online vereinigt die Vorteile vieler Medien auf sich – Bild und Ton, Farbe und Bewegung, Musik und Sprache – und leitet die „One-to-One-Kommunikation" ein. Obwohl im Internet die jungen Menschen eindeutig die Nase vorn haben, zeigt die Entwicklung doch ganz klar, dass Online sich zum Informationskanal für alle Zielgruppen mausert.

E-Mail schreiben ersetzt den Postbrief, Suchmaschinen machen Lexika, Telefon- und Adressbücher obsolet, Bankgeschäfte werden von zuhause aus getätigt, und das gilt auch für viele Einkäufe, seien es Bücher, Bekleidung oder Elektrogeräte, die Auktionen auf eBay sind zum Volkssport geworden. Laut Statistik sind mittlerweile über 50 Mio. Menschen online unterwegs, davon rund 53 % Männer und 47 % Frauen, und, bemerkenswert, bereits fast 30 % davon sind über 60 Jahre. Bemerkenswert auch, dass die Nutzung überwiegend von zuhause aus erfolgt und immerhin schon über 20 % von unterwegs – also auf mobilen Geräten. Die Schwerpunkte der Internetnutzung differieren in den Altersklassen und den jeweiligen Lebensumständen. Reisen, Eintrittskarten, Bücher und Musikvideos sowie DVDs dominieren bei den Jüngeren, wohingegen Zielgruppen ab 30 Jahren auch Bereiche wie Wohnungseinrichtung und Elektrogeräte mit einbeziehen. E-Mails schreiben alle Altersgruppen und das Wort „googeln" gehört zum täglichen Sprachgebrauch. Online kostet nichts – jedenfalls so stellen es sich die Nutzer vor – und damit nehmen sie gern die vielfältigen Werbeauftritte in Kauf. Online ist auf dem besten Weg zum Basismedium, das den klassischen Medien Konkurrenz macht, allen voran den Print-Medien.

Wie gehen die Media-Agenturen mit dem Medium „Online" um?

Der Daten-Notstand in der Online-Media-Planung ist überwunden. Mit den „AGOF internet facts" liegen Daten zum Markt und zur Nutzung, also Reichweiten, Strukturdaten, Unique User für Gesamtangebote, Belegungseinheiten pro Woche, sozio- und psychografische Daten vor. Über 230 deutsche Sites werden durch die AGOF-Sites abgebildet und Online ist damit auf dem Wege, sich in die Riege der klassischen Werbeträger einzureihen.

Ausschlaggebend für die Entwicklung der neuen Werbeformate ist die zur Verfügung stehende Übertragungsrate (Bandbreite). Konnten anfangs nur wenige Kbit große Werbeflächen eingesetzt werden, lassen die für den Internetnutzer stetig steigenden Bandbreiten und Komprimierungsverfahren immer größere Datenmengen zu. Daraus haben sich komplexe Formate mit integrierten Media-Dateien und Dialog-Optionen entwickelt. Die technische Verbreitung schneller DSL-Anschlüsse ist mittlerweile flächendeckend und macht Online zu einer kreativen Option für alle Unternehmen. Dies nicht nur im Hinblick auf die eigene Marken- und

Produkt-Kommunikation, sondern auch in Bezug auf Suchmaschinen-Marketing und Affiliate-Marketing.

Affiliate-Marketing

Affiliate-Programme basieren auf einem sehr einfachen Prinzip: Jeder Website-Betreiber kann seine Site nutzen, fremde Produkte und Dienstleistungen zu bewerben und zu verkaufen. Die Bezahlung ist dabei gekoppelt an tatsächliche Resultate. Als sogenannte Affiliate Networks haben sich etabliert: TradeDoubler, zanox, adbudler.de, vitrado.de, affilinet, um nur einige zu nennen. T-Online und Adpepper stehen kurz vor dem Launch weiterer großer Affiliate-Programme.

Online-Werbung wird eingesetzt für Response-Werbung sowie zur Erlangung von Image und Brand-Awareness. Die Basisformen wie Banner, Rectangles und Skyscraper werden ergänzt durch Sonderformen wie Layer, Peel-Downs. Content-Formen wie Microsites und Advertorials erfreuen sich zunehmender Beliebtheit. Trotz dieses leichten „Overkills" von Werbung auf dem Screen nimmt der User dieses in Kauf – zumal heute der Schnelligkeit des Aufbaus von Werbung ein ebenso schnelles Wegklicken gegenübersteht.

Online-Planung und -Abwicklung unterscheiden sich in den Media-Agenturen erheblich von den Arbeitsabläufen anderer Medien-Gattungen. Ausgehend vom Kunden-Briefing erfolgt eine Zielgruppen-Marktanalyse anhand der zur Verfügung stehenden Datenquellen (Nielsen Media Research/internet facts/LAE/Acta/LAC) zur Entwicklung einer Online-Strategie und Festlegung der gewünschten Umfelder. Dann werden die gewünschten Netzwerke/Sites anhand von Rangreihen ermittelt und eine Grobplanung (Kostenplan) erstellt. Jede Agentur hat ihr eigenes Planungstool und verwendet Erfahrungswerte über „funktionierende Sites" in der Feinplanung. Im Gegensatz zu anderen Medien ist die Erfolgskontrolle zeitnah kampagnenbegleitend möglich, und die Planung kann permanent optimiert werden.

6.9   Google

Der Begriff „googeln" hat Einzug in unseren Wortschatz gehalten. Die weltweit größte Suchmaschine bietet Werbung an – und wird damit zum Wettbewerber für alle klassischen Medien.

Das Angebot von Google ist vielfältig – hier möchte ich nur auf ein Basisangebot eingehen:

AdWords-Anzeigen

Anzeigen werden neben Suchergebnissen zu relevanten Themen geschaltet. Nutzer klicken die Anzeige an – und werden zu dem Unternehmen weitergeleitet.

Wichtiges Prinzip: Bei Google gilt es „oben" zu sein – also auf der ersten Seite zu erscheinen. Das „System Google" hat viele Stellräder und dazu den geheimen „Google Algorithmus", der unter anderem dazu führen kann, dass

- Anzeigen nicht bei jeder Suchanfrage angezeigt werden,
- oder von „ganz oben" nach „ganz unten" variieren,
- Keywords deaktiviert werden, wenn zu wenige Anfragen stattfinden,
- abends keine Anzeige mehr zu sehen ist, weil das Tagesbudget erschöpft ist.

Damit werden auch große Anforderungen an die Kampagnenpflege und an das Know-how der Media-Agentur gestellt. Welche Keyworte sind relevant? Was arbeitet besser, die Einwort-Abfrage oder zwei Begriffe? Über welche Klicks kommen die besten Ergebnisse? Was macht der Wettbewerb? Wie wird berichtet? Die Möglichkeiten reichen von täglich über wöchentlich bis monatlich. Welche Texte sind relevant und welche Verlinkungen sinnvoll und wirksam?

Google ist längst keine reine Suchmaschine mehr, sondern ein weltumspannender Medienkonzern, und die Media-Branche ahnt, dass sich die bisherigen Machtverhältnisse in vielen Märkten komplett verändern werden. Sei es TV- oder Hörfunkwerbung, Printanzeigen, Community-Vermarktung oder Mobile – überall testet der Konzern seine Möglichkeiten.

6.10   Direct Mail

Direct Mail bietet die Möglichkeit, Werbung direkt zu adressieren, teiladressiert zu streuen oder auch an alle Haushalte zu richten. Dies reicht von Werbebriefen mit persönlicher Ansprache bis hin zu Katalogen, Handzetteln, der Verteilung von Postkarten, Prospekten, Samples und Massen-Briefen. Auf die nationale und regionale Streuung haben sich neben der Bundespost auch einige Spezialunternehmen fokussiert. Top-Branchen für diese Media-Gattung sind die Spezialversender, Handelsunternehmen, Möbel- und Einrichtungshäuser, Finanzdienstleister, Lotterien, Reisegesellschaften und Versicherungen. Branchenspezialisten haben sich etabliert, im Pharma-Bereich zum Beispiel Pharma Direkt, Planegg. Ähnliches gilt auch für andere Branchen.

6.11   Sonderwerbeformen

Eine Vielzahl von Sonderwerbeformen hat sich in den letzten Jahren innerhalb aller Mediengattungen etabliert. Das reicht im Ambiente-Bereich von Plakaten auf der Innenseite von Toilettentüren bis hin zur Werbung auf Bäckertüten, auf Tankstutzen an Tankstellen, Fußböden, Hausverkleidungen, Pizzaschachteln usw. Die Printmedien bieten sonderformatige Anzeigenflächen und ungewöhnliche Beilagemöglichkeiten. Je nach Kreativität sind alle diese Angebote eine gute Ergänzung von klassischen Media-Aktivitäten und jeweils im Einzelnen zu bewerten und zu beurteilen.

Eine wahre Flut von Sonderwerbeflächen offerieren die TV-Sender. War zunächst „Split-Screen"-Werbung schon aufgrund ihrer Einzigartigkeit – jeder erinnert sich noch an den BMW, der im unteren Laufband des TV-Gerätes von links nach rechts über den Bildschirm fuhr – ein echter Eye-Catcher, so ist dieses Format mittlerweile leicht inflationär. Ähnlich wie im Internet taucht Werbung von allen Seiten auf, rollt sich auf oder ab, sucht nach Aufmerksamkeit rechts oder links vom Bildschirmgeschehen. Immerhin scheint sich das Format gut zu verkaufen und die Vermarkter haben 2006 eine einheitliche Terminologie für ihr Angebot gefunden.

Als „Special Ads" oder „Blue Ads" bieten sowohl IP als auch SevenOneMedia Sonderformate an – hier eine kleine Übersicht ohne Anspruch auf Vollständigkeit, da sich das Angebot ständig erweitert (siehe Tab. 6.2).

Eines haben alle Sonderwerbeformen gemeinsam: Die Sender erheben Aufschläge mit dem Versprechen, dass die Alleinstellung und Anbindung an das Programm einen erhöhten Aufmerksamkeitswert generieren. Die verlangten Preise sind wenig transparent. Die geforderten Aufschläge betragen beispielsweise:

Premierespot:	Tarifgruppe plus 50 % Aufschlag
Pre Screen:	Tarifgruppe plus 30 % Aufschlag
Singlespot:	Tarifgruppe plus 30 % Aufschlag
Countdown:	auf Anfrage
Post Split:	auf Anfrage
Abspannsplit:	Tarifgruppe plus 35 % Aufschlag
Countdownsplit:	auf Anfrage
Programmsplit:	auf Anfrage

Als Tarifgruppe gilt der dem Sonderplatz nächstliegende Werbeblock-Tarif laut Preisliste. Beispiele für die Sonderwerbeformen finden sich auf den Homepages der Vermarkter.

Tab. 6.2 Angebote der Sonderwerbeformen – Beispiele

Special Creation	Exclusive Position
Promostory	Abspann Split
Gewinnspiel	Single Spot
Spotpremiere	Diary
Move Split	Single Split
Crawl	Program Split
Cut in	Trailer Split

Sonderwerbeformen bedienen den Wunsch der Kunden nach Exklusivität. Aber sie mindern gleichzeitig die Aufmerksamkeit der Zuschauer für klassische Werbespots, und auch „Sonderwerbeformen" sind kein Garant für besondere Aufmerksamkeit, wenn sie überhand nehmen.

6.12 Cross-Media

Cross-Media ist eine Umsetzung von Marketingmaßnahmen mit einer durchgängigen Werbeidee in unterschiedlichen Mediengattungen, die unter Berücksichtigung ihrer spezifischen Selektionsmöglichkeiten und Darstellungsformen inhaltlich, formal und zeitlich verknüpft sind. Alle Medien machen zunehmend cross-mediale Angebot und versuchen, ausgehend von ihrem Leitmedium – sei es TV oder Print – eine Kommunikationspalette formal und zeitlich aufeinander abgestimmt anzubieten. Dies umfasst neben allen klassischen Medien wie Print, Funk, TV, Outdoor und Kino auch Online, Mobile, Direct Marketing bis hin zu Merchandising und Licensing. Vermarkter ergänzen ihr jeweiliges Leistungsportfolio über Allianzen mit anderen Vermarktern, um die Lücken zu schließen, die sie aus ihrem eigenen Angebot nicht bedienen können.

Beispiel

ausgehend von TV –
Cross-mediales Angebot von SevenOneMedia:
TV mit den Sendermarken SAT.1, Kabel 1, N24, ProSieben
Teletext
Online/Web 2.0

VoD – Maxdome
Print (mit Kooperationspartner Bauer oder Springer)
Events
Mobile
Merchandising

Vom Basismedium TV ausgehend, versucht SevenOneMedia somit, eine Ziel-
gruppenübergabe in Online, Teletext und Print und weiterführend in Direkt-
Marketing, Events und Mobile bis hin zum Merchandising zu gewährleisten.
Ähnlich verfahren IP Deutschland und die großen Verlagshäuser.

Beispiel

ausgehend von Print –
Anzeigen in TV Movie
Verknüpft mit Voting Trailer TV auf ProSieben
Fortsetzung in Teletext von ProSieben
und Online auf den ProSieben- und TV-Movie-Portalen

Hier ist der Ausgangspunkt also die Print-Anzeige, die dann auf andere Medien
weitergeführt wird.

Cross-Media-Angebote liegen im Trend. Eine gute Cross-Media-Kampagne
braucht eine zündende Leitidee und hat das Potenzial, den Nutzer vom flüchtigen,
reichweitenstarken Medium hin zum individuellen Dialog zu führen. Viele der
etablierten Media-Agenturen setzen nach wie vor auf das sichere Media-Geschäft
mit den herkömmlichen Medien und dem stärksten Fokus auf TV; andere Media-
Agenturen zeigen sich flexibler und sind eher bereit, ausgetretene Werbepfade zu
verlassen.

6.13   Sponsoring

Sponsoring – traditionell als Mäzenatentum begründet – hat mit Lockerung der
Spornsoring-Richtlinien im Jahr 1995 durch die EU (Elemente aus der klassischen
Werbung durften erstmals in Sponsoring-Hinweisen gezeigt werden, ebenso Fir-
menlogos) ein breites Feld gefunden. Durfte man bis dato nur einen zarten Hinweis (… mit freundlicher Unterstützung von …) auf den Sponsor liefern, so stand
nun eine kreative Umsetzung von vielerlei Sponsoring-Möglichkeiten offen. Auch

die öffentlich-rechtlichen TV-Sender, limitiert in ihren Werbemöglichkeiten auf die 20:00-Uhr-Grenze und durch das Werbeverbot an Sonn- und Feiertagen, konnten sich hier eine weitere Einnahmequelle erschließen, die bis heute munter sprudelt. Gesponsert werden können also alle Programme (bis auf Nachrichten, Wirtschafts-magazine und politische Sendungen). Übliches Format ist ein „Opener" und „Clo-ser" von fünf bis sieben Sekunden Länge, mittlerweile auch weiterentwickelt von den privaten Sendern um „Reminder" unterschiedlicher Länge zur Einrahmung der Werbeunterbrecher. Neben Programm-Sponsoring haben sich Trailer-Sponsoring, Titel-Sponsoring und Rubrikensponsoring etabliert.

Für alle Sponsoringformen gilt: Der gesponserte Content muss einen Bezug zur Marke und zum Produkt des Sponsors haben und mit der gesamten Kommunika-tion sowohl inhaltlich als auch zeitlich integriert sein. Sponsoring-Konzepte sollten langfristig angelegt sein.

Die Bedeutung von TV als Basismedium 7

Deutschland ist innerhalb Europas das Land mit dem größten Angebot an Free-TV – aber gleichzeitig auch das Land mit den höchsten Rundfunkgebühren, die von der GEZ (Gebühreneinzugszentrale) eingetrieben werden. Da die Haushalte bereits mit dieser Abgabe belastet sind, ist es nicht verwunderlich, dass es die Pay-TV-Angebote sehr schwer haben. Fernsehen ist fest verankert im Tagesablauf der Bundesbürger, und die durchschnittliche Fernsehnutzung liegt um die drei Stunden pro Tag (laut AGF-Fernsehforschung).

Vom Programm wird in erster Linie Information und Unterhaltung erwartet, wobei die Nachrichtensendungen der Privatsender eher Boulevardcharakter haben und die Talk-Shows immer mehr abgleiten in Provokation und Zurschaustellung „echter" Menschen. Die Situation der privaten TV-Anbieter ist schwierig. Einerseits forcieren moderne Technologien neue Programmentwicklungen. Die Sender sind ständig auf der Suche nach neuen Talenten und Programmformaten. Andererseits gibt es einen hohen Kostendruck, und wenn neue Formate nicht schnell Quote machen, verschwinden sie schnell wieder aus dem Programm. Anders als in den 90er-Jahren lässt man Programmen keine Zeit mehr, sich über einen längeren Zeitraum zu entwickeln. Die Programminhalte haben sich wenig geändert. Sport – allen voran Fußball – ist Trumpf. Tennis und Formel 1 haben an Glanz verloren, seit die deutschen Helden Boris Becker, Steffi Graf und Michael Schumacher nicht mehr aktiv sind. Sogenannte „Blockbuster" – seien es große Kinofilme oder kostspielige Eigenproduktionen (zum Beispiel historische Stoffe wie „Sturmflut", „Dresden") – sind Prestigeprodukte, die sich die Sender leisten. Massenware sind weiterhin Serien, zunehmend selbst produziert und durchaus wettbewerbsfähig im internationalen TV-Geschäft. Die großen Stars des Fernsehens, wie Thomas Gottschalk, Harald Schmidt, Günther Jauch und wie sie alle heißen, werden von den Sendern gehätschelt und gegenseitig abgeworben. So ist Schmidt wieder bei SAT.1 gelandet und Jauch hat den Sprung von „Stern TV" auf RTL zur ARD-Sonntags-Talk-Runde

A. Marx, *Media für Manager*,
DOI 10.1007/978-3-8349-7192-0_7,
© Gabler Verlag | Springer Fachmedien Wiesbaden GmbH 2012

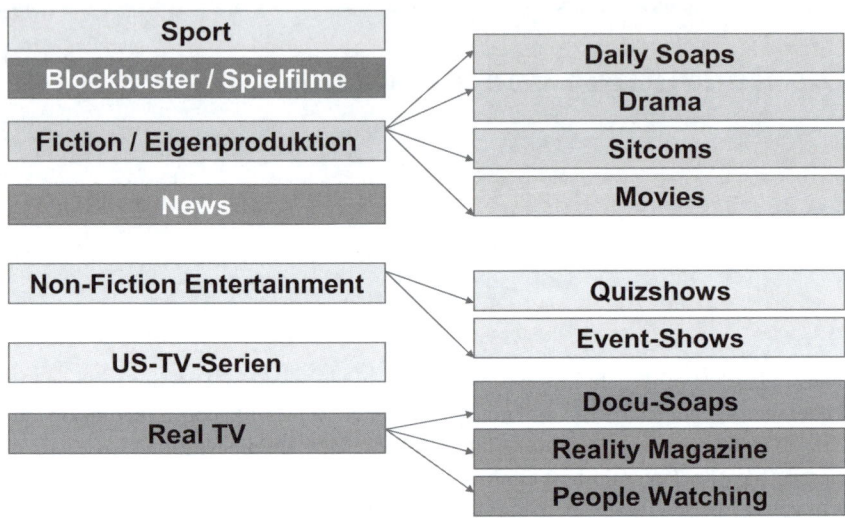

Abb. 7.1 TV-Inhalte

geschafft. Solange Dieter Bohlen nicht zum Tagesschau-Sprecher mutiert, kann ich gut damit leben.

Für die Klagen über die Qualität des Fernsehens habe ich wenig Verständnis. Privatfernsehen sorgt für Vielfalt und die Fernsehnutzungszahlen sprechen ihre eigene Sprache (die durchschnittliche TV-Nutzung pro Tag lag 2010 laut AGF Fernsehforschung bei 321 Minuten). Und last but not least: Jede Fernbedienung hat einen Knopf zum Ausschalten.

TV ist nach wie vor als Basismedium zur schnellen Genierung von hohen Reichweiten und zur Erreichung breiter Zielgruppen unverzichtbar.

7.1 Die Entwicklung des Netto-Werbemarktes

2010 betrug der Netto-Werbemarkt 18.748 Mrd. Euro. Gewinner war eindeutig das Medium Online. Außer Funk mit nahezu gleichbleibendem Umsatz mussten alle klassischen Medien Einbußen bei den Nettoerlösen hinnehmen – vergleicht man die Zahlen mit dem Jahr 2006, sogar in erheblichem Umfang.

Das Medium TV – mit Abstand größtes Einzelmedium – hat sich trotz guter Buchungssituation und Bruttoumsätze in den letzten Jahren an sinkende Nettoumsätze

Entwicklung des Netto-Werbemarkts 2006 bis 2010						
Entwicklung /Jahr	2006	2007	2008	2009	2010	Index versus 2006
Gesamt	20.350	20.812	20.366	18.367	18.748	92
Sonstige	6.929	6.999	6.954	6.592	6.527	94
Tageszeitungen	4.533	4.567	4.373	3.694	3.638	80
Publikumszeitschriften	1.856	1.822	1.693	1.409	1.450	78
Fachzeitschriften	956	1.016	1.031	852	860	89
Fernsehen	4.114	4.156	4.036	3.640	3.954	96
Hörfunk	680	743	720	678	692	101
Plakat	787	820	805	738	766	97
Interent	495	689	754	764	861	173

Abb. 7.2 Entwicklung des Netto-Werbemarkts 2006 bis 2010. Quelle: ZAW

gewöhnen müssen. Betrachtet man einen Zeitraum von fünf Jahren, so sanken die Nettoerlöse bei TV um 4 %. Am stärksten gelitten haben jedoch die Printmedien: Tageszeitungen hatten Nettoeinbußen von 20 % und bei den Zeitschriften waren es sogar 22 %, selbst die Fachzeitschriften haben 11 % eingebüßt. Dem steht die Entwicklung der Investitionen im Internet mit einer Steigerung von 73 % in nur fünf Jahren gegenüber. Waren es anfänglich lediglich die Wirtschaftsbereiche Telekommunikation, Finanzdienstleistungen und Medien sowie vereinzelte Versandhandelsunternehmen, deren Webauftritt man begegnete, so kann man jetzt davon ausgehen, dass alle Wirtschaftsbereiche, seien es Körperpflege, Autos oder Ernährung, online unterwegs sind. Es ist zu erwarten, dass sich diese Budgetumverteilung in den nächsten Jahren fortsetzen wird und der Online-Hype noch nicht überschritten ist.

7.2   Die TV-Planung in der Media-Agentur

TV-Planung und -Optimierung ist eine Backoffice-Funktion in der Media-Agentur.

Wenn die strategische Entscheidung für die Mediengattung TV gefallen ist, beschäftigen sich Spezialisten mit der Frage: „Wie bekomme ich für das zur Verfügung stehende Budget die gewünschte Media-Leistung?" oder „Was kostet es, eine vorgegebene Media-Leistung zu erzielen?" Die Antworten auf beide Fragestellungen kann man mit Hilfe des TV-Planungstools über Planalternativen ermitteln und sich einem endgültigen TV-Plan annähern.

Das Planungstool arbeitet wie folgt: Die komplexe Tarifstruktur der Sender wird durch die Bildung von Belegungseinheiten in eine einheitliche, vergleichbare und kundenverständliche Form gebracht, um somit eine strategisch ausgerichtete

Abb. 7.3 Was TV-Prognosesysteme leisten

TV-Planung zu ermöglichen. Zunächst strukturiert man die Tarife in Standard-Belegungseinheiten nach Sendergruppen.

Standard-Belegungseinheiten als Sendergruppen sind:

- ARD, ZDF
- RTL, SAT.1, ProSieben
- RTL 2, Kabel 1, VOX, Super RTL
- individuelle Spartensender

Zeitzonen je Sender/Sendergruppe:

06–09 Uhr	17–20 Uhr	01–03 Uhr
09–13 Uhr	20–23 Uhr	03–06 Uhr
13–17 Uhr	23–01 Uhr	

Im nächsten Schritt werden den zusammengefassten Sendergruppen Sendezeiten hinterlegt.

Diese Belegungseinheiten lösen sich dann auf nach Einzelsendern und innerhalb der Sender wiederum nach Sendezeiten.

Es folgt zusätzlich eine Differenzierung nach Wochentagen, da die Programmierung der Sender von Montag bis Freitag durchgestrippt ist und die Programme am Samstag und Sonntag einen abweichenden Programmablauf haben.

Diesen Belegungseinheiten werden dann die Preise und Leistungen der Sender nach Monaten zugeordnet.

Große Private 6:00-9:00	Große Private 9:00-13:00	Große Private 13:00-17:00	Große Private 17:00-20:00	Große Private 20:00-23:00
Kleine Private 6:00-9:00	Kleine Private 9:00-13:00	Kleine Private 13:00-17:00	Kleine Private 17:00-20:00	Kleine Private 20:00-23:00
Sparten-sender 6:00-9:00	Sparten-sender 9:00-13:00	Sparten-sender 13:00-17:00	Sparten-sender 17:00-20:00	Sparten-sender 20:00-23:00
✕	✕	✕	Ö/R 17:00-20:00	✕

Abb. 7.4 TV-Planung der Sendergruppen (Beispiele für Sender-Belegungseinheiten)

RTL 6:00-9:00	RTL 9:00-13:00	RTL 13:00-17:00	RTL 17:00-20:00	RTL 20:00-23:00	RTL 23:00-01:00
SAT.1 6:00-9:00	SAT.1 9:00-13:00	SAT.1 13:00-17:00	SAT.1 17:00-20:00	SAT.1 20:00-23:00	SAT.1 23:00-01:00
ProSieben 6:00-9:00	ProSieben 9:00-13:00	ProSieben 13:00-17:00	ProSieben 17:00-20:00	ProSieben 20:00-23:00	ProSieben 23:00-01:00
VOX 6:00-9:00	VOX 9:00-13:00	VOX 13:00-17:00	VOX 17:00-20:00	VOX 20:00-23:00	VOX 23:00-01:00

Abb. 7.5 TV-Planung der Einzelsender (Beispiele für Sender-Belegungseinheiten)

Auf Basis dieser Fragestellungen können Alternativen aufgezeigt werden. Durch Hinterlegung von Wahrscheinlichkeitswerten (p-Wert) lassen sich dann Reichweiten für die Zukunft ermitteln, die als Planungsbasis für zukünftige Kampagnen dienen.

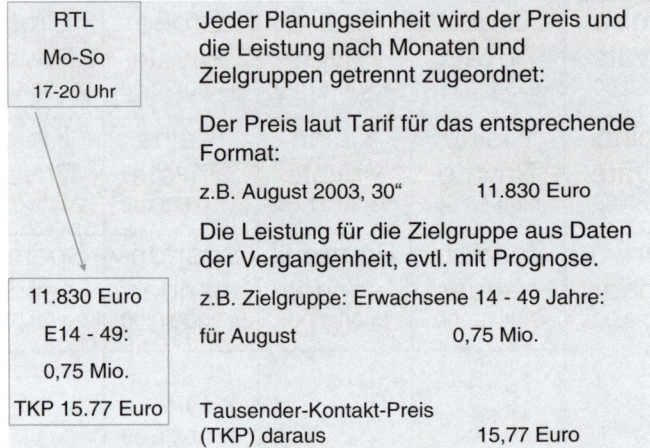

Abb. 7.6 Planungseinheiten

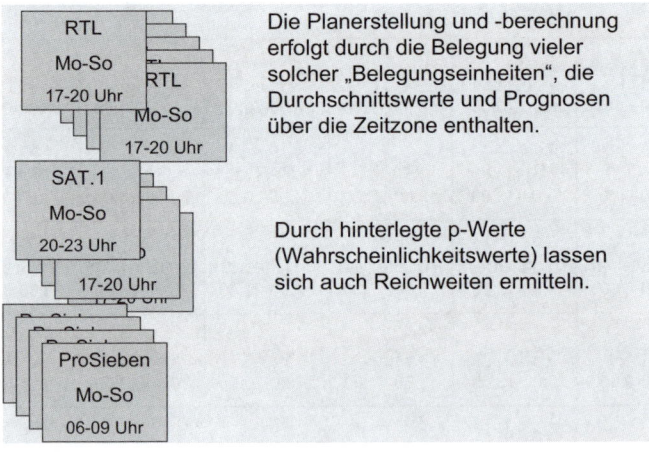

Abb. 7.7 Belegungseinheiten

Dieser Prozess ist für Sie als Werbekunden nicht sichtbar und Sie müssen sich zu diesem Zeitpunkt auch nicht für die Details interessieren. Sie sollten sich lediglich bewusst sein, dass die erste Planung, also die Verteilung des TV-Budgets nach

- Sendergruppen,
- Einzelsendern,
- Dayparts,
- Wochentagen

ein automatisierter Prozess ist, bei dem TV-Genres oder gar einzelne Sendungen überhaupt keine Rolle spielen.

Die Agentur schlägt Ihnen vor, welche Sender in die Planung einbezogen werden sollten. Folgende Fragen müssen beantwortet werden:

- Brauche ich öffentlich-rechtliche Sender?
- Wie viele große Private und wie viele kleine Private?
- Welche Zeitzonen/Dayparts?
- Welche Kontaktdosis strebe ich an?

Die öffentlich-rechtlichen Sender (ARD und ZDF) haben in der Regel bei „jungen" Zielgruppen schlechte Karten aufgrund der hohen TKPs, und auch zur Reichweitenentwicklung tragen sie nur bedingt bei.

Bei der Frage, wie viele kleine oder große Privatsender belegt werden sollen, stellt man fest, dass die kleinen Sender zwar erheblich zur GRP-Bildung beitragen und sehr ökonomisch sind; eine Belegung von ausschließlich kleinen Privatsendern würde aber zwangsläufig zu sehr hohen Frequenzen und damit zu Platzierungsproblemen bei der Umfeldauswahl führen.

Ein Kompromiss ist in der Regel ein Mix von beispielsweise:

- 60 % großen Privaten,
- 30 % kleinen Privaten,
- 10 % Öffentlich-Rechtlichen (und/oder Spartensendern).

Bleibt die Frage, ob jeweils alle Sender aus einer Gruppe notwendig sind oder eine Konzentration auf Sender zum Beispiel einer Vermarkter-Gruppe ökonomische Vorteile bringt. Bei einer Konzentration auf nur wenige Sender muss man sich darüber im Klaren sein, dass man die Umfeldauswahl begrenzt und innerhalb eines vorgegebenen Zeitraums eventuell auch unökonomische Programmflächen belegen muss.

Bei der Zeitzonenauswahl und -gewichtung spielt der optimale Prime-Time-Anteil eine entscheidende Rolle. Der Prime-Time-Anteil ist vor allem deshalb so wichtig, weil die Hauptsendezeit – also der Zeitabschnitt zwischen 20:00 Uhr und 23:00 Uhr – die wichtigsten Programmumfelder bietet, die höchsten Reichweiten erzielt und last but not least, der Kunde dann auch Gelegenheit hat, seine Spots selbst zu sehen.

Ferngesehen wird über den ganzen Tag und die Nutzung verläuft über alle Zielgruppen parallel. Der Fernsehkonsum beginnt früh am Morgen, steigert sich langsam über den Tag und findet seinen Höhepunkt am Abend, der Abbruch beginnt gegen 23:00 Uhr, am Wochenende etwas später. Also ist es nicht verwunderlich, dass die sogenannte „Primetime" – also die Zeit der höchsten Fernsehnutzung am Abend – auch gleichzeitig die der „teuersten" TV-Werbeblöcke ist und Programmhighlights hier am meisten nachgefragt werden. Hohe Primetime-Anteile würden also dazu führen, dass man sich für sein Budget nur eine geringe Anzahl von Spots leisten kann – also gilt es auch hier, einen Kompromiss zwischen Day- und Primetime zu finden, der sowohl einen guten Reichweitenanstieg als auch vertretbare Kosten bietet. Eines sollte man sich aber dabei immer vor Augen halten: Bei zu geringem Primetime-Anteil besteht die Gefahr, dass ein wichtiger Teil der Zielgruppe nicht erreicht wird, nämlich die Berufstätigen.

Media-Agenturen bieten in der Regel in der Planungsphase ungern eine Diskussion über einzelne Programm-Genres oder Sendungen an. Grund dafür ist zum einen die Planungssoftware der Agenturen, die auf Belegungseinheiten ausgerichtet ist. Zum anderen ist TV-Planung aus Sicht der Agentur eher ein mathematischer Prozess und die Diskussion von „Qualität" bei einem Massenmedium wie TV überflüssig. Trotzdem sollten Sie spätestens bei Verabschiedung des TV-Kostenplans deutlich machen, welche qualitativen Ansprüche Sie an die Programm-Umfelder stellen. Spätestens zum Zeitpunkt der Einbuchung – also wenn die TV-Planung verabschiedet ist – gehören Programm-Umfeld-Wünsche und Ausschlusskriterien auf den Tisch.

Eine grundlegende Überlegung der TV-Planung ist die Frage nach der optimalen Kontaktdosis. Fest steht, es gibt keinen für alle Kampagnen gültigen Kontakt-Korridor. Es gibt jedoch Erfahrungswerte und diverse Marktstudien zu diesem Thema. Die Ergebnisse der Studie „Qualitäten der Fernsehwerbung" zeigen, dass die Kampagnenerinnerung mit der Anzahl der TV-Kontakte stetig ansteigt. Bei hohen Kontaktklassen fällt der Zuwachs deutlich geringer aus. Das bedeutet, unter ökonomischen Aspekten ist also eine zu hohe Zahl von Kontakten wenig sinnvoll, wenngleich nicht schädlich.

Fassen wir zusammen. Der TV-Plan der Media-Agentur sollte Ihnen folgende Informationen liefern:

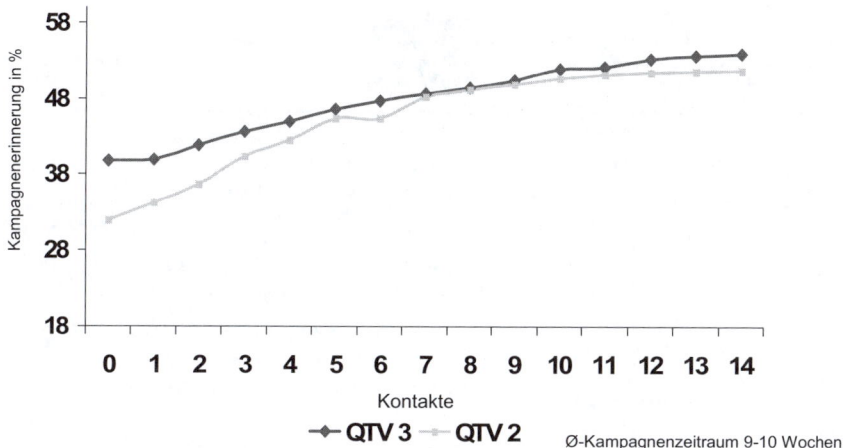

Abb. 7.8 Werbewirkungskurve – TV-Kampagnen-Erinnerung und Kontaktdosis

Leistungswerte für die Kampagne:

- Reichweite in % und Mio. in der Zielgruppe – eventuell einer Referenzzielgruppe,
- Kontakte in der Zielgruppe,
- GRPs pro Woche und gesamt (CpGRP),
- TKP-Level,
- Kontaktverteilung nach Kontaktklassen,
- Saisonalität (Ferientermine und Events gekennzeichnet),
- Grundsätzlicher Hinweis auf Programm-Umfeld (Wunsch- und gegebenenfalls Ausschlusskriterien).

7.3 Die TV-Vermarktung

Zwei private Vermarkter dominieren den deutschen Free-TV-Markt: SevenOneMedia und IP Deutschland, die zusammen gut 80 % der TV-Werbeinvestitionen auf sich vereinen. Die öffentlich-rechtlichen Sender mit ihrer Einschränkung für Werbung im Vorabendprogramm spielen mit circa 3 % Marktanteil an den Werbeinvestitionen eine untergeordnete Rolle.

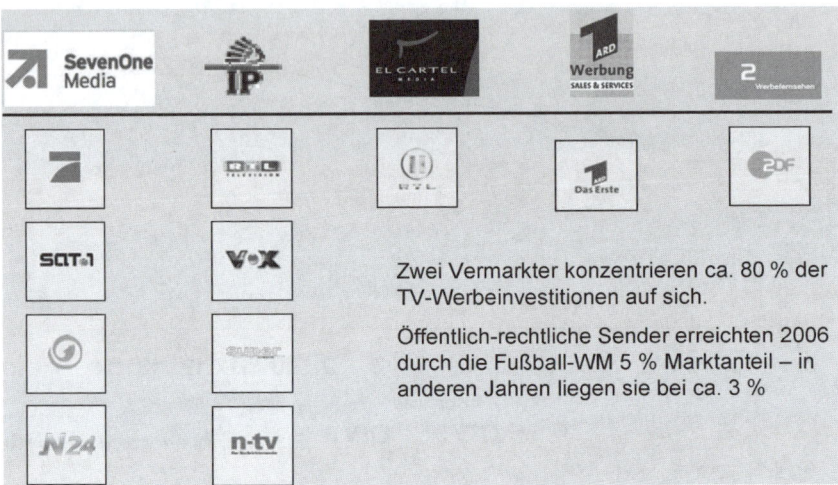

Abb. 7.9 Die TV-Vermarkter

Wurden früher von den TV-Sendern einmal im Jahr die neuen Preise für das Folgejahr veröffentlicht und mit den jährlichen – gedruckten – Tarifunterlagen eine Preisliste publiziert, die eine Volumen-Rabattierung auf Kundenbasis vorsah, so geschieht heute eine permanente Preisanpassung. Diese richtet sich nach den aktuellen Programmreichweiten und wird online kommuniziert oder ist als Download auf den Websites der Vermarkter herunterzuladen. Die früher üblichen Rabattstaffeln sucht man vergebens. Auch von Agenturrabatten wird man nirgendwo etwas Schriftliches finden, Naturalrabatte sind im Tarif nicht vorgesehen.

Wie muss man sich die Vergabe der Naturalrabatte vorstellen?

Die einkaufsstarken Media-Holdings verhandeln ein hohes Freispot-Kontingent für ihr Haus. Dieses setzen sie gezielt ein: Zum einen zur Neukundengewinnung bei Pitches und zum anderen zur Aufbesserung ihrer Honorare bei Kunden mit Agenturverträgen, die eine Klausel enthalten mit „Kundenbeteiligung an außertariflichen Media-Vorteilen". Diese Rabattvorteile (seien es nun Cash- oder Naturalrabatte sind eine Agenturleistung, auf die der Kunde keinen tariflichen Anspruch hat.

Naturalrabatte – ein Kundenvorteil?

Eindeutig ja – wenn – und hier muss der Kunde aufpassen – diese Naturalrabatte budgetreduzierend und kampagnenbegleitend eingebucht werden. Freispots generieren – obwohl nachgeordnet eingebucht – eine Media-Leistung, die nicht on Top geplanter Leistung sein sollte, sondern in die Planungsziele einzubeziehen ist. Außerdem sollten sie, ebenso wie die bezahlten Spots, sorgfältig nach Umfeldern und Programmen platziert werden. Dabei ist zu berücksichtigen, dass Freispots bestimmten buchungstechnischen Restriktionen unterliegen und nachgeordnet eingebucht werden – in der Regel bis zehn Tage vor Ausstrahlung.

Das Portfolio der TV-Vermarkter wächst ständig. Neben Free-TV-Angeboten mit einer Senderfamilie, die unterschiedliche Kernzielgruppen bedient, werden digitale Pay-TV-Angebote, Online-Services und Print-Objekte vermarktet. Ergänzt wird dies in Zukunft noch durch das Geschäft mit dem Mobiltelefon. Jedes Angebot repräsentiert einen Mandanten des Vermarkters. Da sich neue Objekte manchmal schwer verkaufen lassen, werden bei den Konditionsverhandlungen über eine Overall-Rabattierung – und sei es nur volumenbildend – Angebote „quersubventioniert", um eine möglichst breite Palette aus dem Portfolio zu verkaufen.

Anfang der 80er-Jahre, als nur auf ARD und ZDF TV-Werbung vermarktet wurde, war das Prozedere einfach. Zum 30. September des Vorjahres meldeten die Werbetreibenden ihre Wünsche nach Werbesekunden bei den Sendeanstalten an und warteten ergeben auf ihre „Zuteilung". Heute, wo ein großes Angebot an TV-Werbezeit zur Verfügung steht, beginnt bereits frühzeitig im Juli die Debatte um die Preise des Folgejahres, und die Sender geben in aufwändigen Veranstaltungen im Markt ihre neuen Programmpläne bekannt, welche Filmpakete sie einkaufen konnten und welche Eigenproduktionen in Arbeit sind. Diese „Werbewochen" für TV-Werbung sind nur eine Seite der Medaille – hinter verschlossenen Türen werden bereits die ersten Preisdiskussionen geführt und Vereinbarungen mit den großen Media-Agenturen getroffen und natürlich mit den Konzernkunden.

Aber auch viele kleinere Werbetreibende wollen an den Preisgesprächen beteiligt sein und führen im Herbst zusammen mit ihrer Agentur – oder auch allein – Konditionsverhandlungen.

Auf diese Konditionsgespräche bereiten sich die Sender-Vertreter sorgfältig vor. Als Auftakt präsentieren sie in der Regel ihr Portfolio, eine Darstellung ihrer Senderfamilie und die Leistung pro Einzelsender. Selbstredend stellt jeder Anbieter sein Produkt in der für ihn günstigsten Währung dar (also zum Beispiel ProSieben im TKP für junge Zielgruppen, Kabel 1 und ZDF bei älteren Zielgruppen usw.). Dann folgt eine Betrachtung der Umsatzentwicklung des Werbetreibenden anhand von Nielsen-Zahlen, und zwar nach Sendern und Senderfamilien. Dabei beäugt jeder Vermarkter genau, welchen Share an den Gesamt-Budgets des Kunden sein Angebot im Vergleich zum Wettbewerber hat. Aufgrund der vorliegenden Budgetgrößen wird dann ein entsprechendes Angebot unterbreitet, gestaffelt nach Umsatzgrößen und natürlich mit Anreizen zur Umsatzsteigerung. Verhandelt werden zunächst

Volumenrabatte auf Basis der Bruttoinvestitionen des Kunden pro Sender – und hier in der Regel als Barrabatt, zusätzliche Rabatte als Naturalrabatt (= Freispots). Platzierungen der Werbespots im Werbeblock werden ebenso diskutiert wie Zuteilungsquoten in Programm-Highlights. Darüber hinaus gibt es saisonabhängige Angebote, Sonderplatzierungen und Sonderwerbeformen, crossmediale Angebote und Beteiligung an Forschungsprojekten, um nur einige Punkte zu nennen.

Rabattarten

Folgende Rabattarten sind möglich:

- Barrabatt: in der Regel Cash-Volumenrabatt
- Naturalrabatte: Freispots deklariert als:
  - Commitmentrabatt: Festschreibung von Buchungssummen per Stichtag (zum Beispiel 31.12. Vorjahr/31.3. Folgejahr)
  - Sender-Familienrabatt: Berücksichtigung von ein, zwei oder drei Sender-Angeboten aus dem Vermarkter-portfolio
  - Neukunden-Rabatt: für TV-Erstbucher
  - Anreiz-Rabatt: für Buchung spezieller Umfelder – zum Beispiel Sportformate

Sonderwerbeformen und Sponsoring-Aktivitäten unterliegen in der Regel gesonderten Preisabsprachen, können aber volumenbildend in die Gesamtvereinbarung eingerechnet werden.

Freispots können also unterschiedlichen Ursprungs sein und werden von den Agenturen entsprechend gekennzeichnet. Eines haben alle Freispotarten gemeinsam, sie sind nicht mit der Ersteinbuchung platzierbar, die Buchungen erfolgen kurzfristig und sind den Bezahlt-Spots nachgeordnet.

Share-Deals

Share-Deals sind verboten, seit diese im Sommer 2007 in den Fokus des Kartellamtes gerieten (siehe auch Abschnitt 2.3) und ein Ermittlungsverfahren gegen die Vermarkter IP Deutschland und SevenOneMedia auslösten, die sich gegen den Verdacht des „Missbrauches einer marktbeherrschenden Stellung" verteidigen mussten. Seit 2008 schaut sich jeder Vermarkter zwar sorgfältig seinen Share am Budget des Kunden an, es wird jedoch strikt vermieden, Konditionen mit dieser Share-Betrachtung zu verknüpfen.

Um einen Eindruck von der Marktbedeutung der beiden großen Vermarkter IP Deutschland und SevenOneMedia zu bekommen, schauen wir einmal die Zuschauer-Marktanteile der TV-Sender in der Zielgruppe der Erwachsenen 14–49 Jahre (3–3 Uhr) an (Zahlen der Sender Januar–August 2011):

IP Deutschland:

- RTL 18,6 %
- VOX 7,5 %
- Super RTL 2,4 %

Das ergibt einen durchschnittlichen Marktanteil als Senderfamilie von 28,5 %.

SevenOneMedia:

- SAT.1 10,6 %
- ProSieben 11,6 %
- Kabel 1 5,9 %

Das ergibt einen durchschnittlichen Marktanteil der Senderfamilie von 28,1 %. Zwei Vermarkter vereinigen also fast 60 % aller Zuschauer auf sich. Berücksichtigt man dann, dass die ARD (6,8 %) und das ZDF (6,2 %) sowie die III-Programme der ARD (5,5 %) weitere 18,5 % Marktanteil auf sich vereinen, dann kann man ermessen, was für die kleinen Spartensender übrig bleibt und wie schwer sich die Vermarktung der Werbeflächen angesichts geringer Marktbedeutung gestaltet.

Im Zuge der Diskussion um die „Share-Deals" war auch die Mittlervergütung ins Gerede gekommen. „AE-Provision" steht für *„Annoncen-Expedition"* und ist ein Relikt aus alter Zeit. Die Mittlerprovision wird seit Jahren schon an die Kunden durchgereicht. Ursprünglich gedacht als Abgeltung der Agenturarbeit – und zwar sowohl für Kreation als auch für Media –, ist sie seit Verselbstständigung des Media-Geschäfts und der Loslösung von den Kreativagenturen ein Durchreichposten geworden. Im Grunde ist das Haftungsrisiko der Agenturen dadurch größer geworden. In den Geschäftsbedingungen der Medien festgelegt, ist diese Provision im Prinzip entbehrlich – vorausgesetzt, die Werbepreise würden pauschal um 15 % gesenkt werden.

Die Arbeit eines externen Beraters

Der Markt der Berater – auch „Auditoren" genannt – prosperiert. Dabei ist die Vorgehensweise und Qualifikation der Berater sehr unterschiedlich. Joachim Lenz zum Beispiel hat als Pionier im deutschen Markt bereits Mitte der 90er-Jahre das Thema „Auditing" hoffähig gemacht. Selbst ein erfahrener Media-Experte mit Agenturbackground, hat er als erster in Deutschland die Chance erkannt und ein Media-Controlling etabliert – hauptsächlich konzentriert auf das Medium TV. Mittlerweile ist sein Unternehmen längst eingegliedert in ein international agierendes Netzwerk, und Fairbrother & Lenz profitiert vom guten Namen seines Gründers im Markt. Das zweite große Auditing-Unternehmen „Media Audits" wurde unlängst an Accenture verkauft – eine Unternehmensberatung, die sich damit das Thema Media-Kompetenz einverleibt.

Die Diskussion um mangelnde Transparenz im Media-Geschäft und das lange Tauziehen darum kann man als kostenlose PR-Maßnahme für das Auditing-Geschäft werten. Neben den großen professionellen Beratungsfirmen haben viele Einzelkämpfer hier eine Nische gefunden. Meistens handelt es sich um Manager mit langjähriger Erfahrung auf der „anderen Seite" – also Agentur oder Medium –, die über umfangreiches Insiderwissen verfügen, das für Sie und Ihr Unternehmen sehr nützlich sein kann. Prüfen Sie, bevor Sie einen Berater beauftragen, dessen Arbeitsweise.

8.1 Prozess- und Strukturanalyse

Die Prozesse und Strukturen der Zusammenarbeit zwischen Kunde und Agentur sind oft so angelegt, dass sich durch Veränderungen deutliche Verbesserungen in Qualität und Kosten erzielen lassen. In kleineren Unternehmen werden die Media-Aufgaben gern an einen der Marketingmitarbeiter delegiert, dem die Media-

A. Marx, *Media für Manager*,
DOI 10.1007/978-3-8349-7192-0_8,
© Gabler Verlag | Springer Fachmedien Wiesbaden GmbH 2012

Usancen fremd sind. Große Unternehmen haben eigene Media-Manager oder Werbeleiter, die zwar über Media-Wissen verfügen, die Medien-Kontakte pflegen sowie die Media-Spendings intern koordinieren, häufig jedoch den Bereich Marketing und Vertrieb nicht optimal abdecken. Bei den Agenturen sind die Strukturen ähnlich. Viele Medien werden in Backoffice-Funktionen zentral bearbeitet, das Gegenüber des Kunden ist jedoch der Media-Direktor als zuständiger Berater.

8.2 Input-Output-Analyse

Im ersten Schritt sollte der Auditor sich die von der Agentur erarbeitete Media-Strategie und die daraus entwickelten Media-Pläne anschauen. Selbstverständlich sollten Sie als Kunde auch Ihr eigenes Briefing vorlegen, damit man nachvollziehen kann, welche Aufgabe der Agentur gestellt wurde. Anhand dieser Unterlagen kann ein erfahrener Berater feststellen, ob Briefing, Strategie und Feinplanung den Standards im Markt entsprechen. Im zweiten Schritt wird er sich der Qualität und dem Preis des Media-Einkaufs zuwenden und auch hier Vergleiche anstellen zu Wettbewerbern mit ähnlichen Rahmenbedingungen. Benchmarks nur aufgrund von Einkaufsvolumina sind nicht aussagekräftig, aber leider gängige Praxis.

Eine Überprüfung des Einkaufs kann in Form von Stichproben vorgenommen werden. Hier sollten bestimmte Revisionszeiträume festgelegt werden, für die die

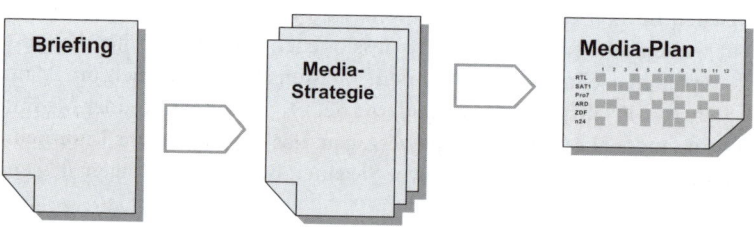

Abb. 8.1 Überprüfung von Media-Strategie und Media-Planung

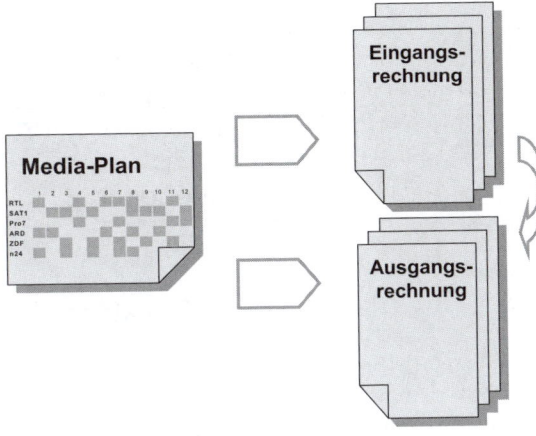

Abb. 8.2 Revision des Einkaufs und der Abrechnung

Agentur dann Rechnungen (Eingangsrechnungen der Medien und zum Abgleich die Kundenrechnung) zur Verfügung stellt. Rabatte werden mit dem Tarif und den bestehenden Grundabschlüssen verglichen. Knackpunkte sind häufig die Zahlungsbedingungen. Während der Kunde so spät wie möglich zahlen will, ist es das Bestreben der Agentur, das Geld möglichst frühzeitig (und langfristig) im Haus zu haben. Hier sollte ein vernünftiger Kompromiss gefunden werden, der beiden Seiten gerecht wird. *Faustregel:* Bei der Monatsrechnung TV reichen fünf Tage vor Fälligkeit (in der Regel zum 15. des laufenden Monats). Bei Printmedien werden mehrere Titel zu einer Monatsrechnung zusammengefasst – Fälligkeitstermin ist der früheste Erscheinungstermin eines Titels. Es ist eine Überlegung wert, den Monat zu splitten und zwei Rechnungen mit zwei Zahlungsterminen zu erstellen. Einzeltitelabrechnungen sind eher unüblich, da arbeitsintensiv.

Neben der quantitativen Überprüfung sollte man sich die Arbeitsprozesse ansehen. Bei einer dezentralen Organisationsstruktur spricht jeder mit jedem direkt. Dies birgt die Gefahr, dass Detailinformationen verloren gehen. Sind auf beiden Seiten Koordinatoren eingeschaltet, also ein Media-Leiter auf Kundenseite und ein Media-Direktor auf Agenturseite, kann (muss aber nicht) dieses zu einer Zeitverzögerung führen. Auf jeden Fall sollte immer klar definiert werden, wie die Aufgaben und Kompetenzen verteilt werden.

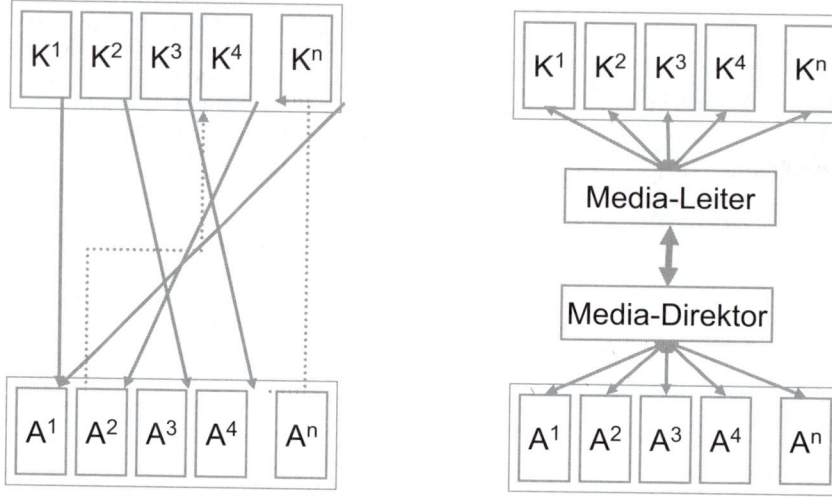

Abb. 8.3 Prozessanalyse: Wer spricht mit wem? Wer koordiniert?

Wichtige Fragen an Sie als Agentur-Kunde:

- Wie erfolgt die interne Zusammenarbeit in Ihrem Unternehmen?
- Wer koordiniert die Media-Investitionen der einzelnen Marken?
- Gibt es Personen mit speziellem Media-Know-how im eigenen Haus?
- Wer erstellt das Briefing und beauftragt die Agentur?
- Werden klare Ziele gesetzt, und gibt es eine Erfolgskontrolle?
- Wer erteilt die Freigaben der Media-Planungen?
- Werden saisonale und kurzfristige Marktchancen und Medienangebote genutzt?
- Wie wird mit Kreativagenturen gearbeitet?

Fragen an Ihre Media-Agentur:

- Wer nimmt das Briefing entgegen?
- Wie erfolgt die interne Zusammenarbeit bei der Agentur?
- Gibt es Backoffice-Funktionen für einzelne Media-Gattungen: Einkauf, Research, neue Medien, Sponsoring etc.?
- Erarbeitet die Agentur integrierte Lösungen/Einzelprojekte?
- Wer koordiniert, wer präsentiert?

- Ist die Agentur mit den notwendigen Tools ausgestattet, die für eine kompetente Planung und einen erfolgreichen Einkauf notwendig sind?
- Werden alle relevanten Markt-Media-Studien zur Beratung herangezogen?
- Werden TV-Platzierungen kontinuierlich optimiert?
- Werden die Medienrabatte kontinuierlich überprüft bzw. verhandelt?
- Werden saisonale und kurzfristige Marktchancen und Medienangebote genutzt?
- Wie wird mit Kreativagenturen gearbeitet?

Wichtige Fragen im Zusammenspiel zwischen Ihnen (dem Kunden) und der Agentur:

- Gibt es eine Meetingkultur zwischen Ihnen und der Agentur?
- Werden Informationen über aktuelle Entwicklungen zwischen Ihnen und der Agentur regelmäßig ausgetauscht?
- Werden allgemeine Fragen diskutiert und gegebenenfalls gemeinsame Ziele formuliert?
- Wer nimmt offiziell teil, wie häufig werden Meetings abgehalten und ist das Gremium „beschlussfähig"?
- Bietet die Agentur Schulungen im Bereich Media/Werbung an?
- Gibt es eine jährliche gegenseitige Beurteilung von Agentur und Kunde?
- Werden Erfahrungswerte aus der Vergangenheit aufgearbeitet und in zukünftige Strategien integriert?
- Arbeiten Media- und Kreativagentur Hand in Hand?

Der Berater wird seine Ergebnisse in einem Bericht darstellen und sie Ihnen präsentieren. Wenn Sie als Auftraggeber zustimmen, ist es ein Gebot der Fairness, den Bericht auch der Agentur zu präsentieren und dieser Gelegenheit zur Kommentierung zu geben.

Von einer Überprüfung kann ein Unternehmen folgende Ergebnisse erwarten:

- Die Leistungen der Agentur (Strategieentwicklung, Media-Planung und Media-Einkauf) entsprechen den marktüblichen Leistungen der Media-Agenturen in Deutschland.
- Die Leistungen können durch gezielte Maßnahmen in einzelnen Bereichen optimiert werden.

- Die Leistungen der Agentur sind unzureichend. Wettbewerbsagenturen können sowohl qualitativ (Strategie und Umsetzung) als auch quantitativ (Honorar der Agentur und Konditionen bei den Medien) effizienter arbeiten.

Sollte die Unzufriedenheit dokumentiert werden, ist der nächste Schritt in der Regel ein Media-Pitch. Auch hier kann der Berater zur Seite stehen.

8.3 Durchführung eines Media-Pitches

Manche Unternehmen überprüfen turnusmäßig ihre Agenturbeziehungen, andere entschließen sich zu einem Pitch, weil sie mit der Agenturleistung unzufrieden sind. Ein Pitch kostet Zeit und Geld und sollte gut vorbereitet sein. Man muss sich darüber klar werden, welche Anforderungen an den Agenturpartner gestellt werden. Steht das Anforderungsprofil fest, so ist der nächste Schritt die Erstellung einer Shortlist, welche Marktpartner überhaupt für dieses Profil in Frage kommen. Dabei kann ein Berater helfen, denn er kennt die Stärken und Schwächen der Agenturen, und die Wettbewerbssituation spielt ebenfalls eine Rolle. Konkurrenzausschlussklauseln umzusetzen wird immer schwieriger angesichts eines Marktes mit immer weniger Playern. Bestes Beispiel ist Group M. Wen fordert man denn nun auf? Gleich den Geschäftsführer von Group M oder doch noch MindShare, MediaCom oder MediaEdgeCia?

Ist die Entscheidung gefallen, einen Pitch auszuschreiben, und sind die Agenturen selektiert, fordert man diese zur Teilnahme auf. Als Erstes lässt man sich eine Vertraulichkeitserklärung unterschreiben, und hier ist es wichtig, wie man mit der Pitch-Situation umgehen will. Legt man Wert darauf, dass der Pitch „still" abläuft, oder geht man über die Presse? Eines ist klar: wenn in den Branchendiensten auch nur über einen anstehenden Pitch spekuliert wird, gehen dem Unternehmen unaufgefordert diverse Bewerbungen von Agenturen zu, die gern teilnehmen möchten. Media ist eine „geschwätzige" Branche. Durch eine Vertraulichkeitserklärung kann der Kunde alle Pitch-Teilnehmer zur Verschwiegenheit verpflichten. Ein wichtiger Punkt ist auch, ob man der derzeitigen Agentur Gelegenheit geben will, am Pitch teilzunehmen. Eigentlich ist es ein Gebot der Fairness. Sollte man aber aus bestimmten Gründen eine weitere Zusammenarbeit ausschließen und die Agentur nicht zum Pitch – also zur Verteidigung des Etats – auffordern, ist es eine Frage des Anstands, diese zumindest über den anstehenden Pitch zu informieren. Wenn ein Vertragspartner davon aus der Presse erfährt oder über „Buschfunk", ist das ganz schlechter Stil.

Als Nächstes gilt es, ein Briefing zu erstellen mit einer klaren Aufgabe, um gleiche Voraussetzungen für alle Teilnehmer zu schaffen. Die Formulierung einer relevanten Case-Study kann zum Beispiel Rahmenbedingungen setzen, anhand derer die Agenturen eigene Ideen entwickeln und ihre strategische Beratungskompetenz demonstrieren können. Dabei sollte man sich sowohl entlang eines quantitativen als auch qualitativen Kriterienkatalogs bewegen, der für den Auswahlprozess Relevanz hat. Anhand eines realitätsnahen Budget-Splits nach Mediengattungen können die teilnehmenden Agenturen ihre Einkaufskonditionen und Honorare nennen. Wenn die Kandidaten das Briefing erhalten haben, sollte man etwas Zeit für Rebriefing-Gespräche einplanen und den Agenturen Gelegenheit zu Rückfragen geben. In der Praxis kommt es häufig vor, dass die erste Pitch-Runde ausschließlich schriftlich erfolgt: Es werden diverse Agenturen aufgefordert, ein schriftliches Angebot zu unterbreiten, und dann drei (manchmal auch mehr) Agenturen selektiert, die zur Präsentation ihres Angebots aufgefordert werden. Öffentliche Ausschreiben erfolgen in der Regel immer in dieser Form und sind sehr langwierig (und arbeitsintensiv für alle Beteiligten). Wenn man im Vorfeld selektiert, welche Agenturpartner zum Unternehmen passen könnten, reicht es aus, drei bis vier Agenturen zu einer Wettbewerbspräsentation aufzufordern. Die Terminkoordination ist ein wichtiges Thema. Zwischen Einladung, Briefing und Rebriefing sowie Präsentation des Angebots sollte ausreichend Zeit zur Verfügung stehen, damit die Agentur ohne Stress arbeiten kann. Der Zeitraum sollte aber auch so bemessen sein – und hier vor allem dann auch die Entscheidungsphase –, dass er für alle Teilnehmer überschaubar ist. Die Wettbewerbspräsentationen finden in der Regel an einem Tag statt – wobei drei unterschiedliche Präsentationen zu schaffen sind. Mehr als drei Präsentationen überfordern oft die Aufnahmefähigkeit und Konzentration der Teilnehmer. Ist das Briefing und die Aufgabe klar formuliert, kann man anhand einer Matrix festhalten, welche Lösungen die Agenturen vorschlagen, und hat somit eine Entscheidungsgrundlage in der Hand.

Man sollte immer darauf bestehen, dass die Agentur auch die Mitarbeiter präsentiert, die später für diesen Kunden arbeiten werden und Ansprechpartner sind.

Wenn sich ein Unternehmen zur Pitch-Durchführung eines Beraters bedient, so ist es wichtig, dass dieser primär die Rolle des Moderators übernimmt. Er kann aus seiner Sicht eine Empfehlung geben und diese begründen. Letztlich muss aber der Kunde die Wahl treffen, denn er kennt sein Unternehmen am besten, und er wird später im Tagesgeschäft mit dieser Entscheidung leben.

Noch ein Wort zum Stil von Absagen: Es ist klar, dass nur eine Agentur der Gewinner sein kann. Bedenken Sie aber, dass alle Teilnehmer viel Zeit und Energie in die Pitch-Präsentation gesteckt haben und verdienen, dass sie ein Feedback bekommen, das erstens zeitnah ist – also nicht erst drei Tage, nachdem der Sieger schon im W&V-Ticker nominiert wurde. Zweitens sollte die Absage begründet sein. So viel Zeit muss sein. In der Praxis habe ich oft Formbriefe erlebt, einmal sogar mit der Anrede „Sehr geehrte Damen und Herren". Dies ist ein ganz schlechter Stil.

Was hat sich geändert?

9.1 Kommunikation im Wandel

Die Urform der Kommunikation von Angesicht zu Angesicht bedient sich der Sprache, Gestik und Mimik und bedarf keiner technischer Hilfsmittel. Mit der Erfindung des mechanischen Buchdrucks vor mehr als 500 Jahren verhalf Johannes Gutenberg dem Buch zur Entwicklung vom Individualmedium für einige wenige zum Massenmedium. Spätere Massenmedien, sei es der Telegraf, das Telefon, der Fernschreiber, Radio, Fernsehen oder Film, brauchten Transporttechniken und Geräte zur Nutzung.

Wissenschaftler unterscheiden zwischen Individualkommunikation und Massenkommunikation – wobei sie davon ausgehen, dass Massenkommunikation in der Regel durch Massenmedien erzeugt wird oder dann, wenn Öffentlichkeit als Raum zur Massenkommunikation betrachtet wird.

Beim Medium „Internet" treffen drei Komponenten aufeinander: Menschen (der einzelne Nutzer), Medien als Kommunikationsmittel und die damit verbundene Öffentlichkeit im World Wide Web. Der technologische Wandel und damit die Entstehung und Ausbreitung neuer Medien erfolgte stets unter heftigen Kontroversen über den Konsum. So wurde in den 70er-Jahren eine ausgiebige Diskussion über die Schädlichkeit von Fernsehen geführt, was jedoch den Aufstieg des Mediums nicht aufhalten konnte. Der Wandel in der Medienlandschaft wird zum einen durch die Technik, zum anderen aber durch die Mediengewohnheiten der Gesellschaft bestimmt. Die Jüngeren haben eindeutig eine höhere Technikkompetenz und sind dadurch in der globalisierten Informations- und Kommunikationsgesellschaft im Vorteil.

Kommunikationsformen wie „E-Mail", „Newsgroups" und „Chats" haben sich etabliert. Massenmedien wie Zeitungen, Fernsehsender, Verlage – praktisch alle Medienunternehmen – sind inzwischen auch online verfügbar. Gleichzeitig kann

A. Marx, *Media für Manager*,
DOI 10.1007/978-3-8349-7192-0_9,
© Gabler Verlag | Springer Fachmedien Wiesbaden GmbH 2012

jeder Einzelne mit geringem Aufwand durch Erstellung einer Homepage seine persönliche Botschaft ins Netz stellen, mit einer potenziellen Reichweite, die bis dato nur den klassischen Massenmedien vorbehalten war. Während also ganze Wirtschaftszweige vom Internet beeinflusst werden, man denke nur an den Buchhandel, die Musikindustrie und Reisebüros, so boomen neue Wirtschaftsbereiche – beispielsweise eBay oder Google. Seiten wie „My Space" ermöglichen den Aufbau sozialer Netze und der Online-Journalismus gewinnt an Raum.

Ist das Internet also „das neue Massenmedium" und damit Kommunikationsmittel, das alle anderen Medien überflügeln oder gar verdrängen wird? Und wie berechtigt sind die Befürchtungen von Daten-Missbrauch, Verbreitung von Pornographie, extremen Ansichten und kriminellen Machenschaften? Bedient das Internet in erster Linie wirtschaftliche Interessen auf Kosten menschlicher Werte? Welche Bedeutung haben lokale Gesetze bei einem Medium mit grenzüberschreitender Kommunikation?

Es fällt schwer, das Phänomen Internet vollständig zu erfassen. Fakt ist, dass „Cyberspace" oder „Datenhighways", wie die Kommunikationsmittel des Internets heute beschrieben werden, bedeutungsvoll sind für die gesellschaftliche Entwicklung und damit ganz unmittelbar für die Entwicklung der Medienindustrie.

Die Abstände bis zur Entstehung neuer Medien werden immer kürzer, was nicht gleichbedeutend damit ist, dass „alte" Medien sterben. So soll es durchaus noch einzelne Menschen geben, die sogar einen handgeschriebenen Brief versenden. Der Stellenwert einzelner Medien wird sich jedoch in den nächsten Jahren verändern. Die Herausforderung der Zukunft für die werbetreibenden Unternehmen, die Medien und die Agenturen wird sein, Massen- und Individualkommunikation unter einen Hut zu bringen.

9.2 Was bedeutet eigentlich „digital"?

Schaut man bei Wikipedia nach der Bedeutung von „digital", so erfährt man: „Digital Media umfasst digital audio, digital video, das World Wide Web und andere Technologien, zur Verbreitung und Erstellung von digitalen Inhalten."

Was bedeutet das nun für die Werbewirtschaft und warum sollten Sie als Marketingverantwortlicher sich intensiv mit diesem Thema beschäftigen?

Zum einen lässt sich nicht leugnen, dass breite Zielgruppen heute im World Wide Web unterwegs sind – und zwar Alt und Jung mit unterschiedlichen Nutzungsschwerpunkten. Herr Murdoch hat das im Jahr 2005 bereits treffend ausgedrückt, indem er sich als „Digital Immigrant" bezeichnete, seine Kinder und Enkel jedoch als „Digital Natives". Ich denke, das trifft den Kern. Wer nicht mit dieser Technologie aufgewachsen ist, also nicht bereits im Kinderzimmer Bekanntschaft mit seinem ersten Computer, CD-Player, iPhone etc. machte, wird immer Immigrant in dieser digitalen Welt bleiben und sich ihrer nutzenorientiert in einzelnen Bedarfssituationen bedienen. Anders die „Digital Natives" – aufgewachsen mit der Kommunikation nach dem Motto „anything, anywhere, anytime": Für sie ist das Internet erste Anlaufstelle in allen Lebenslagen und natürlich in Sachen Kommunikation.

Online-Werbung erobert weite Wirtschaftsbereiche. Laut Nielsen-Statistik betrug der durchschnittliche Budgetanteil an den Werbeinvestitionen, der für Online-Werbung ausgegeben wurde, im Jahre 2010 bereits 9,5 %. Einzelne Wirtschaftsbereiche liegen jedoch erheblich darüber, so die Unterhaltungselektronik, Telekommunikation, Touristik und Gastronomie sowie Finanzen, Dienstleistungen und Energiewirtschaft.

Das Internet gewinnt stetig an Bedeutung, und Deutschland liegt mit 65 Mio. Usern innerhalb Europas an der Spitze vor Ländern wie Russland, England und Frankreich. Weltweit gesehen befinden wir uns jedoch nur an sechster Stelle. Damit hat die deutsche Sprache wenig Relevanz, kommuniziert die Welt doch in Englisch und bereits über 450 Mio. Chinesen sind online, so dass man sich fragen muss, ob Chinesisch die Sprache der Zukunft sein wird.

Darüber hinaus setzt sich die Diversifizierung der Endgeräte fort. Überprüfen Sie selbst: Welches der nachstehend aufgeführten Geräte befindet sich in Ihrem Besitz?

- Flatscreen TV
- Digital Radio
- Game Console
- Digital Kamera
- Camcorder
- MP3-Player
- Notebook
- Tablet PCs
- Media PCs
- TV Box – Decoder
- Portable Media Players
- Mobile Phones (iPhone, Smart-Phone, Blackberry)
- Personal Video Recorder
- Online Video Extender
- Removable Storage

Sie werden feststellen, ein großer Teil dieser Geräte ist in Ihrem Haushalt vorhanden und Sie sind mit den gängigen Funktionen vertraut. Sollte Ihnen das ein oder andere kein Begriff sein, fragen Sie einen „Digital Native", ich bin sicher, Ihre Kinder erklären Ihnen gern, um was es sich dabei handelt.

Das Internet ist also wichtiger Bestandteil der Mediennutzung in Deutschland. Tomorrow Focus hat eine interessante Studie durchgeführt, die belegt, dass neben E-Mail-Schreiben und Recherche auch Internetbanking, Sport, Nachrichten, Jobsuche und Kontaktbörsen deutsche Internet-Wirklichkeit sind. Auch das Zeitbudget, das für das Internet aufgewendet wird, ist mittlerweile beträchtlich und erstreckt sich – anders als beim TV-Konsum, der überwiegend in der sogenannten Primetime am Abend stattfindet – über den ganzen Tag. Manchmal sicher zum Leidwesen der Arbeitgeber. In Amerika gab es jüngst eine Studie, die bezifferte, welcher Arbeitszeitverlust und damit ökonomische Schaden den Unternehmen allein dadurch entsteht, dass sich Mitarbeiter während der Arbeitszeit in Social-Media-Foren bewegen.

Social Media

Damit kommen wir zu einem großen Thema: Social Media. Was versteht man darunter? Hier möchte ich zunächst wieder Wikipedia zitieren:

„Social Media bezeichnet digitale Medien, die es Nutzern ermöglichen, sich untereinander auszutauschen und mediale Inhalte einzeln oder in Gemeinschaft zu gestalten. Soziale Interaktionen wandeln mediale Monologe (one to many) in sozialmediale Dialoge (many to many)".

Richtete sich eine Werbebotschaft traditionell nach dem „alten" Kommunikationsmodell durch Werbung im Fernsehen, in Zeitschriften oder Zeitungen an viele Personen, so bietet das Social-Media-Netz jetzt die Möglichkeit, eine Botschaft genau zu adressieren, sei es an eine Einzelperson oder eine Nutzergruppe, und gleichzeitig zum Erfahrungsaustausch einzuladen. Dabei sollte man sich bewusst machen, dass eine relativ kleine Gruppe aktiver Nutzer Inhalte produziert und verbreitet, die von einer weitaus größeren Nutzerschaft dann nur konsumiert werden.

Phänomen Facebook

Seit Februar 2004 gibt es diese Plattform, die übersetzt sinngemäß „Studenten-Jahrbuch" heißt. Nach eigenen Angaben erreichte die Plattform mit Sitz im kalifornischen Palo Alto im Jahre 2011 bereits 647 Mio. Nutzer weltweit. In Deutschland sind 47 % der Internetnutzer auf Facebook registriert, also über 17 Mio. Menschen. Aktive sind nach Angaben von Facebook über 7,6 Mio. Nutzer.

Facebook definiert den Begriff „Freunde" neu. Ich persönlich bin mit dem Begriff „Freund" immer sehr vorsichtig umgegangen und stelle fest, dass ich nach

Registrierung in Facebook, die ich allein aus beruflicher Neugier natürlich vorgenommen habe, plötzlich die Chance habe, mit Gott und der Welt befreundet zu sein. Ich wurde von Menschen „angestubst", Freund zu sein und Zirkeln von Freunden beizutreten. Facebook lässt mich keinen Geburtstag meiner registrierten Freunde mehr vergessen und die Entwicklung meiner Großnichten im fernen Berlin kann ich verfolgen, da die stolze Mama Fotos ihrer Zwillinge regelmäßig ins Netz stellt. Auch über die Freizeitaktivitäten, Urlaube und Meinungen meiner Freunde, seien es relevante Themen zum Zeitgeschehen oder auch völlig irrelevante Dinge, bin ich bestens informiert. Ich gestehe, es macht mir Angst. Da werden Informationen gesammelt und verbreitet – öffentlich gemacht an einer Pinnwand – und mit vielen Menschen geteilt. Natürlich gibt es Einschränkungen in der Verbreitung – aber nimmt man das „unter Freunden" immer so genau?

Welche grotesken Auswirkungen Facebook-Kommunikation haben kann, wird an einem banalen Beispiel deutlich. Der Schmusesänger James Blunt hatte in Facebook ein Foto veröffentlicht, das ihn vor einem Rohbau in Polen zeigte – untertitelt mit „My Hotel in Poland". Nichtsahnend trat er damit eine wilde Diskussion in Facebook los, hatte er doch mehr als 6.000 Polen an einer empfindlichen Stelle getroffen. Kommentare wie „Nazi-Sau" und Gegenmeinungen dazu führten die Dialoge an und Herr Blunt fühlte sich genötigt, eine Erklärung abzugeben, dass es sich einfach nur um einen Schnappschuss gehandelt habe und er damit keinesfalls die polnische Bauwirtschaft geschweige denn die polnische Volksseele beleidigen wollte.

Phänomen Twitter

Haben Sie schon einmal „gezwitschert"? Barack Obama twitterte im Wahlkampf „Change" – kurz und bündig: 140 Zeichen hätte er dabei zur Verfügung gehabt, die ein „Tweed" umfasst. Meine Freundin Angela twitterte ihren Freundinnen, dass sie gerade beim Friseur war, und Herr Kachelmann twitterte nach seinem Freispruch von dem Vorwurf der Vergewaltigung „Superillu, eines der traurigen Gewächse aus den Elendsvierteln des deutschen Journalismus von Hubert Burda". Sie sehen, es lässt sich vielseitig „zwitschern". Twitter ist eine sehr beliebte Form des Mikrobloggings und wird mittlerweile von Privatpersonen, Unternehmen und Massenmedien als Plattform zur Verbreitung von kurzen Textnachrichten genutzt. Twitter wurde im März 2006 der Öffentlichkeit vorgestellt und erfreut sich großer Beliebtheit.

Beiträge, um beispielsweise eine Eilmeldung im Netzwerk schnell weiterzuverbreiten, werden als „Tweets" bezeichnet nach dem englischen Verb „to tweet" („zwitschern"), Nachrichten anderer Benutzer kann man abonnieren. Autoren sind also „Twitterer", während man Leser von Tweeds als „Follower" (englisch to follow = folgen) bezeichnet. Die Beiträge der Personen, denen man folgt, werden in einem Log, einer abwärts chronologisch sortierten Liste von Einträgen dargestellt.

Der Absender kann entscheiden, ob er seine Nachrichten allen zur Verfügung stellen oder den Zugang auf eine Freundesgruppe beschränken will. Im Januar 2010 wurde der Begriff „to tweet" von der American Dialect Society zum „Word of the Year 2009" gewählt.

Der Aktivposten von Twitter – ähnlich wie bei Facebook und Co. – ist das Sammeln von personenbezogenen Daten seiner Nutzer. Im Mai 2011 händigte Twitter nach einer Klage vor einem kalifornischen Gericht die Daten mehrerer Nutzerkonten an den Gemeinderat des englischen South Tyneside aus, um den Urheber von Beleidigungen gegen Ratsmitglieder zu identifizieren. Dieses nur als Hinweis darauf, dass man auch hier mit seinen persönlichen Daten vorsichtig umgehen sollte. Laut Nielsen hatte Twitter im Juni 2009 in Deutschland 1,8 Mio. Nutzer, allerdings zeichnen sich die Nutzer durch geringe Loyalität aus, was die Mehrfachnutzung betrifft. Laut einer Online-Twitterumfrage vom März 2009, in der fast 3.000 Datensätze ausgewertet wurden, war das Durchschnittsalter der deutschen Twitter-Nutzer 32 Jahre, 74 % waren männlich und 78 % hatten Abitur. Laut dieser Umfrage würden zudem zwei von drei Twitter-Nutzern selbst einen eigenen Blog betreiben und unter anderem über Technik, Web-2.0-Themen oder Privates schreiben. 50 % der Nutzer würden aus der Medien- oder Marketingbranche stammen und jeder Vierte sei Führungskraft oder Unternehmer.

Twitter erlangt politische Bedeutung, nicht nur dadurch, dass Parolen im Wahlkampf verbreitet werden oder zu Demonstrationen aufgerufen wird. Bei der Revolution in der arabischen Welt soll Twitter ebenso wie andere soziale Netzwerke eine Rolle bei der Organisation politisch motivierter Protestgruppen gespielt haben. Vielleicht mag das in Ländern mit zensierten Medien eine Möglichkeit zur freien Meinungsäußerung und Kommunikation sein. Wenn Sie bei Twitter in Deutschland reinschauen, werden Sie vordergründig wenig Ansprechendes finden und meine Mobil-Nummer habe ich wohlweislich nicht kommuniziert, möchte ich doch nicht mit irgendwelchen Tweeds per SMS behelligt werden.

Auf der Suche nach dem persönlichen Nutzen, den Social Networks und hier besonders Facebook und Twitter für mich haben könnten, bin ich auf zwei positive Beispiele gestoßen. Das eine ist das der Deutschen Bahn, die sowohl auf Facebook als auch durch Tweets über wichtige Serviceleistungen und zum Beispiel kurzfristige Fahrplanänderungen informiert. Das zweite Beispiel ist das der Deutschen Telekom mit dem Telekom-hilft-Support. Hier können Kunden ihre Anliegen posten und erhalten oft schneller als über die Telefonhotline zumindest Reaktionen.

Zusammenfassend lässt sich sagen: Natürlich ist es für werbetreibende Unternehmen wichtig, zu wissen, was im Internet über sie gesagt und verbreitet wird, also auch auf Foren wie Facebook und Twitter. Daher sollte im Unternehmen genau verfolgt werden, was auf den einschlägigen Plattformen passiert und verbreitet wird, um entsprechend reagieren zu können.

Das Internet lädt wie kein anderes Medium ein zu Blackmail und Meinungsmache, ist es doch zunächst anonym und der Verfasser von Meldungen kann sich hinter einen Pseudonym verstecken.

Schützen Sie Ihre Privatsphäre

Seien Sie sich bei der Nutzung von Kontaktnetzwerken immer bewusst, dass hier ausführlich Daten gesammelt werden. Das beginnt schon bei der Anmeldung. So werden bei Facebook zum Beispiel die Daten nach Bekannten durchsucht, die bereits registriert sind, und Sie bekommen eine Liste von Mitgliedern, mit denen Sie bereits Kontakt hatten. Eine gesunde Vorsicht ist geboten, wenn es darum geht, sich zu vernetzen. Ebenso sollte man darauf achten, (wenn überhaupt) nur Fotos ins Netz zu stellen, für die man das Urheberrecht besitzt. Die „Gefällt-Mir"-Schaltfläche liefert Facebook die Möglichkeit, Nutzungsprofile zu erstellen. Inwieweit diese Daten verwendet und verkauft werden, kann man nur vermuten, die Allgemeinen Geschäftsbedingungen stehen dem zumindest nicht entgegen. Daher sollte einem stets klar sein, was man hier über sich preisgibt.

Das Beispiel WikiLeaks

„Undichte Stelle" – eine Enthüllungsplattform, die sich als selbsternannte Weltpolizei betrachtet. Die Enthüllungsplattform veröffentlicht Geheimpapiere und setzt dabei öffentliches Interesse voraus. Wikileaks will „unethisches Verhalten in Regierungen und Unternehmen enthüllen". Dazu wurde nach eigenen Angaben ein System „für die massenweise und nicht auf den Absender zurückzuführende Veröffentlichung von geheimen Informationen und Analysen" geschaffen. Wikileaks ist zu einem Politikum geworden. Hatte die amerikanische Regierung nach der Veröffentlichung von Geheimpapieren über das umstrittene Gefangenenlager Guantanamo die Echtheit der Dokumente noch bestätigt und deren Veröffentlichung lediglich bedauert, so avancierte Julian Assange endgültig zum Staatsfeind, als unter der Überschrift „Collateral Murder" über den Beschuss und Tod irakischer Zivilisten durch einen amerikanischen Kampfhubschrauber 2007 in Bagdad berichtet wurde. Der Soldat Bradley Manning wurde als Lieferant von Videos und umfangreichen Geheimdokumenten enttarnt und ihm droht jetzt die Todesstrafe oder lebenslange Haft. Lieferung von Aufnahmen von Luftangriffen in Afghanistan werden ihm angelastet ebenso wie die Veröffentlichung von Depeschen US-amerikanischer Botschaften über die Regierungen dieser Welt, die an das Headquarter in Washington adressiert waren. Bei uns in Deutschland sorgte die persönliche Beurteilung des Außenministers Guido Westerwelle durch den amerikanischen Botschafter für

Schlagzeilen. Weltweit sah sich Frau Clinton durch diese Enthüllungen peinlichen, aber auch teilweise gefährlichen Situationen ausgesetzt. Mittlerweile gibt es gleichermaßen Zuspruch zu als auch Kritik an Wikileaks, das sich als gemeinnützige Organisation und als Zulieferer für investigativen Journalismus sieht. Machen die einen den Vorwurf, durch Veröffentlichungen das Leben unschuldiger Menschen zu gefährden, so vertreten die Befürworter den Standpunkt, es seien nicht die Enthüllungen, sondern vielmehr das Schweigen und die Lügen, die eine Gefahr darstellen. Enthüllungsjournalismus sollte von journalistischer Integrität und Verantwortung getragen werden. Mittlerweile ist Julian Assange als bekanntester Mitarbeiter der „Whistleblower-Plattform" bei den schwedischen Behörden ins Visier geraten und wird der Vergewaltigung von zwei Schwedinnen bezichtigt. Die Affäre um seine Person bietet Raum für vielfältige Verschwörungstheorien. Mitarbeiter von Wikileaks arbeiten überwiegend unentgeltlich und von zu Hause aus. Finanziert wird die Plattform durch Spenden und sowohl der Geldzufluss als auch die Datenübertragung an Wikileaks werden mittlerweile in vielen Ländern erschwert. Die selbsternannte Weltpolizei Wikileaks hat viele Sympathisanten und ebenso viele Kritiker. Ruft man die deutsche Homepage auf, so schaut man auf ein Foto von Herrn Assange und den Aufruf: „Keep us strong". Übersetzt: „Machen Sie uns stark" – durch Spenden, gefolgt von den Nummern der Spendenkonten. Die Homepage liefert die Artikel mit den spektakulärsten Enthüllungen der letzten Zeit und damit eine packende Lektüre bis zurück in das Jahr 2006. Die Homepage ist frei von Fremdwerbung.

Es ist schwer, einen neutralen Standpunkt zu Wikileaks zu finden. Einerseits wird die Welt nicht dadurch besser, dass man Wahrheiten verschweigt. Andererseits erzeugt zum Beispiel das Wissen um Gewalt Gegengewalt. Und wer kontrolliert Wikileaks?

VroniPlag

Anders als Wikileaks beschränkt sich VroniPlag darauf, dem Missbrauch von geistigem Eigentum auf die Spur zu kommen und Menschen zur Strecke zu bringen, die sich zu Unrecht mit einem akademischen Titel schmücken. Auf der rein deutschen Enthüllungsplattform VroniPlag begegnet einem schon auf der Homepage seitlich die Werbung eines Modeversands und wenn man sich auf den Seiten bewegt, poppen unterschiedlichste Werbebanner auf. VroniPlag lässt sich offensichtlich gut vermarkten und die Betreiber der Plattform haben kein Problem damit, ihr hehres Anliegen zum Erhalt von Wissenschaft und Lehre mit ökonomischen Interessen zu verknüpfen.

Die Plagiatsjäger, wie sie sich nennen, behaupten jenseits von parteipolitischen Interessen zu agieren, und nehmen für sich selbst Anonymität in Anspruch, um persönliche Nachteile und Einschüchterungen zu vermeiden. Immer mehr Politiker geraten wegen ihrer Doktorarbeiten unter Beschuss. So wurde die Karriere des CSU-Politikers und Ministers Karl-Theodor zu Guttenberg beendet, die FDP-Politikerin Silvana Koch-Mehrin musste ihren Titel zurückgeben und auch weitere FDP-Mitglieder gerieten in Bedrängnis. Die Tochter des ehemaligen bayerischen Ministerpräsidenten, Edmund Stoiber, traf es gar als „Tochter von" und sie wurde mit ihrem Vornamen Veronika zur Namensgeberin für die Enthüllungsplattform. Pech für sie in diesem Fall, die Tochter eines prominenten Politikers zu sein – früher nannte man so etwas Sippenhaft. Angesichts der Häufung von Überprüfungen der Dissertationen von CDU- und FDP-Politikern muss man sich die Frage nach der Zufälligkeit stellen.

Verstehen Sie mich bitte nicht falsch, ich will hier keinesfalls das Kopieren von geistigem Eigentum zum Kavaliersdelikt erklären. Wer seinen Doktortitel auf Basis des geistigen Eigentums Dritter erwirbt und vorgibt, es sei seinem eigenen Gedankengut entsprungen, begeht Betrug und der Titel wurde damit unter Vorspiegelung falscher Tatsachen erlangt, das kann nicht rechtens sein. Was mich an diesen Vorgängen stört, ist die Vorgehensweise. Da wird zuerst der Plagiatsvorwurf veröffentlicht, die Medien werden mobilisiert, unter diesem Druck erfolgt die Überprüfung durch die Universität, der Titel wird aberkannt. Zu diesem Zeitpunkt ist die Karriere eines Menschen bereits beendet, sein Ruf nachhaltig geschädigt. Die Motivation, „der Wissenschaft zu dienen", nehme ich den Plagiatsjägern nicht ab, solange sie sich hinter ihrer Anonymität verstecken.

Die Dissertationen von morgen werden davon profitieren, werden sich zukünftige Doktoranten doch wohl sehr gut überlegen, ob sie abschreiben. Und hoffentlich schauen die Universitäten genauer hin, ehe sie Titel verleihen, denn über ihre Mitverantwortung wurde bei den ganzen Verfahren bisher der Mantel des akademischen Schweigens gelegt.

Social Media als Baustein in der Unternehmens-Kommunikation

Für Social Media gibt es keine Patent-Lösung. Sorgfältige Planung und ständiges Engagement sind zeitaufwändig, jedoch der einzige Weg, einen sympathischen Kontakt zu einer Zielgruppe aufzubauen. Social Media macht sich also nicht nebenbei und verschlingt Zeit und Geld, will man speziellen Social Media Content aufbauen.

Folgende Regeln sollten Sie befolgen:

- Prüfen Sie sorgfältig, ob und in welchen Geschäftsbereichen Social Media für Ihr Unternehmen einen Mehrwert bietet.

- Verteilen Sie innerhalb Ihres Unternehmens die Verantwortlichkeiten und legen Sie fest, wer Social Media steuert.
- Definieren Sie konkrete Ziele, die Sie mit Social-Media-Maßnahmen verfolgen und führen Sie eine Erfolgskontrolle durch.
- Prüfen Sie, ob sich vorhandene Werbemittel zur Adaption in Social Media Content eignen.
- Integrieren Sie Social Media in Ihre Kommunikationsstrategie und machen Sie sie zum Teil des Media-Mixes.
- Kalkulieren Sie den personellen und finanziellen Aufwand.
- Beobachten Sie sorgfältig, was von anderer Seite über Ihr Unternehmen im Social-Media-Umfeld kommuniziert wird.

Last but not least: Entwickeln Sie eine Social-Media-Strategie und vermeiden Sie wilden Aktionismus. Denken Sie immer daran, das Internet hat ein Langzeitgedächtnis. Einmal gemachte Fehler wird man nicht mehr los.

Praktisches Media-Wissen

10

10.1 Wichtige Begriffe

Media-Planer werfen mit Begriffen um sich und setzen voraus, dass deren Bedeutung allgemein bekannt ist. In großer Runde wagt der Einzelne oft nicht, Abkürzungen und Ausdrücke zu hinterfragen, da offensichtlich alle anderen am Tisch mit diesem Wissen ausgestattet sind. Im Folgenden werden die wichtigsten Termini aus dem Bereich Media erläutert.

Was ist ein Nielsen-Gebiet?

Unter Nielsen-Gebieten versteht man die Zusammenfassung von *Bundesländern in Gruppen* regionaler Zusammengehörigkeit, nach soziodemografischen Merkmalen und Handelsstrukturen der jeweiligen Gebiete durch A.C. Nielsen.

A.C. Nielsen ist ein global tätiger Forschungsdienstleister. In Deutschland betreibt Nielsen u. a. das „Nielsen-Single-Source-Panel" zur Messung von Mediennutzung und Kaufverhalten von Haushalten. Das Tochterunternehmen „Nielsen Media Research" erfasst Werbeschaltungen in allen Medien und errechnet aus diesen Schaltungen und den Tarifen der einzelnen Werbeträger die „Brutto-Werbeaufwendungen".

Welche Bedeutung hat die Zielgruppe in der Media-Planung?

Media-Begriffe und -Kennziffern beziehen sich grundsätzlich auf definierte Zielgruppen. Diese Zielgruppen sind als Teil einer Grundgesamtheit mit spezifischen gemeinsamen Merkmalen oder Eigenschaften.

Sie stehen im Fokus bestimmter Marketingaktivitäten von Unternehmen. Spezifische Merkmale können zum Beispiel sein:

A. Marx, *Media für Manager,*
DOI 10.1007/978-3-8349-7192-0_10,
© Gabler Verlag | Springer Fachmedien Wiesbaden GmbH 2012

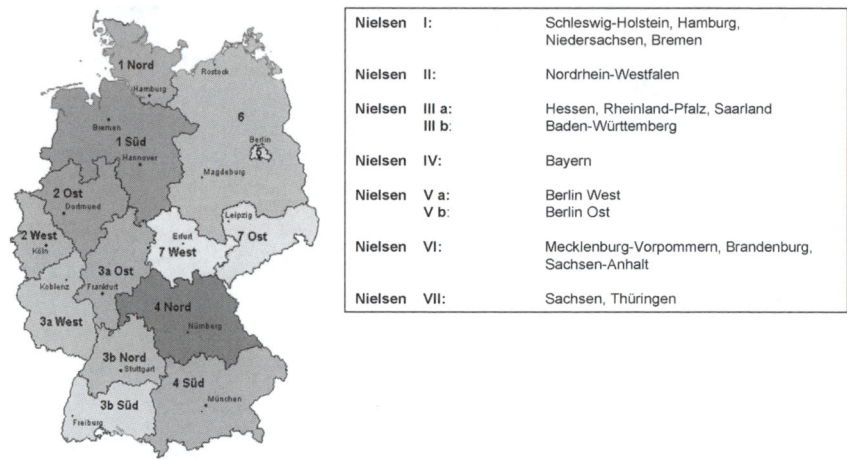

Nielsen	I:	Schleswig-Holstein, Hamburg, Niedersachsen, Bremen
Nielsen	II:	Nordrhein-Westfalen
Nielsen	III a: III b:	Hessen, Rheinland-Pfalz, Saarland Baden-Württemberg
Nielsen	IV:	Bayern
Nielsen	V a: V b:	Berlin West Berlin Ost
Nielsen	VI:	Mecklenburg-Vorpommern, Brandenburg, Sachsen-Anhalt
Nielsen	VII:	Sachsen, Thüringen

Abb. 10.1   Nielsen-Gebiete – geografische Segmentierung; Quelle: A.C. Nielsen GmbH

In der Markenwelt:

- Bekanntheit von Marken
- Sympathie von Marken
- Vermeidung von Marken
- Kaufabsicht von Marken
- Besitz von Marken

In der Medienwelt:

- Nutzungsmuster
- Nutzungsdauer
- Nutzungsinhalte

In der Produktwelt:

- Informationsinteresse
- Einstellungen/Absichten
- Verhalten/Besitz von Produkten

Tab. 10.1   Zielgruppen-Potenziale (Zielgruppen-Beispiele); Quelle: VA 2006/1

	Fallzahl n =	Potenzial in Mio.
Erw. 14 +		
Alle Erwachsenen ab 14 Jahre	29,926	65,07
HHF 14–49		
Alle Haushaltsführenden von 14–49 Jahren	7,929	17,24
HHF 14–49, HHNE > 2.500 +		
Alle Haushaltsführenden von 14–49 Jahren mit einem Haushaltsnettoeinkommen von mehr als 2.500 Euro	2,497	5,43
HHF 14–49, HHNE > 2.500, Kinder < 14 J.		
Alle Haushaltsführenden von 14–49 Jahren mit einem Haushaltsnettoeinkommen von mehr als 2.500 Euro und Kindern unter 14 Jahren	1,346	2,50

Bezogen auf Personen:

- Lebensstil
- Freizeitgewohnheiten
- Soziodemografie
- Einstellungen
- Werte

Sehr „eng" gefasste Zielguppen-Definitionen – also wenn zahlreiche Kriterien auf eine Zielperson zutreffen sollen, führen häufig zu einer Fallzahl-Problematik, da in den gängigen Markt-Media-Studien dieser spezifische Personenkreis mit exakt diesen Eigenschaften im Panel dann vielleicht nur durch zwei oder drei Personen vertreten ist und man die Aussagekraft einer solchen Auswertung stark bezweifeln kann.

Was ist die Multi-Media-Analyse (MA)?

Die MA – Multi-Media-Analyse – wird von der Arbeitsgemeinschaft Media-Analyse e.V. (ag.ma) zweimal jährlich herausgegeben. Sie ist die größte durchgeführte Media-Analyse mit der Erhebung des Konsumverhaltens in Deutschland. Die Stichprobengröße beträgt circa 39.000 Jugendliche und Erwachsene ab 14 Jahren. Diese werden nach einem Stichprobensystem ausgewählt und anschließend teils mündlich-persönlich, teils telefonisch (CATI) befragt. Dabei werden die Zielgruppen nach demografischen Merkmalen: Alter, Geschlecht, Beruf, Einkommen, Religion und Gemeindegröße erfasst. Die Ergebnisse der Media-Analyse werden im Auftrag der ag.ma herausgegeben. Sie haben große praktische Relevanz, weil sie das Buchungsverhalten der Werbewirtschaft maßgeblich bestimmen. Die MA bestimmt somit mittelbar, welche Preise ein Medienanbieter für Werbung fordern kann. Die MA ist eine Multi-Media-Analyse und deckt Print, Zeitschriften, Tageszeitungen, Lesezirkel und Kino, Radio und Plakat sowie TV und Online ab. Die MA ist über die Zählprogramme der Verlage auswertbar.

Was ist die Verbraucher-Analyse (VA)?

Die VA – Verbraucher-Analyse – wird vom Axel Springer Verlag und der Verlagsgruppe Bauer jährlich herausgegeben. Das Befragungsprogramm umfasst eine Untersuchung zur Mediennutzung, zu Besitzmerkmalen, Konsumverhalten, Freizeitverhalten, psychologischen und demografischen Merkmalen. Die Mediennutzungsreichweiten sind den in der ag.ma ermittelten Daten angepasst. Die Methode ist eine Mischung aus schriftlicher und mündlicher Befragung mittels einer repräsentativen Untersuchung bei der deutschsprachigen Bevölkerung ab 12 Jahren in Privathaushalten.

- VA Klassik, ab 14 Jahre: 29.926 Fälle = 65,066 Mio.
- VA Jugend, ab 12 Jahre: 30.635 Fälle = 66,608 Mio.

Erhoben werden Print, TV, Radio und Plakat.

Was ist die Typologie der Wünsche (TdW)?

Die TdW – Typologie der Wünsche – ist eine Media-Analyse mit anderem Ansatz. Sie versucht, die verschiedensten Lebensstile mit differenzierten Konsum- und Mediengewohnheiten in einen Kontext zu stellen. Das Verständnis für gesellschaftliche Entwicklungen ermöglicht eine Optimierung der Kommunikationsstrategie. Die enge Anbindung an die Methode der MA (zum Beispiel die Zusammenarbeit mit MA-Instituten, Adress-Random-Stichprobe) ist Leitlinie der Studie. Erhebungsmethode: mündliches Interview anhand eines voll strukturierten Fragebogens und Haushaltsbuch (schriftlicher Teil). Als Grundgesamtheit dient die deutsche Bevölkerung in Privathaushalten in der Bundesrepublik Deutschland im Alter ab 14 Jahren (65,07 Mio.) Stichprobe: Adress-Random (19.119 Befragte; Trendwelle: 9.070 Befragte). Ausgewertet wird Print, TV und Online.

Was ist die Allensbacher Markt- und Werbeträgeranalyse (AWA)?

Die AWA – Allensbacher Markt- und Werbeträgeranalyse – ist eine Markt-Media-Studie mit einer Mehrthemenumfrage über Konsumgewohnheiten und Mediennutzung. Durchgeführt wird sie seit 49 Jahren vom Institut für Demoskopie Allensbach im Auftrag von heute rund 90 Verlagen und TV-Sendern. Die AWA stützt sich auf über 21.000 Interviews, die bundesweit mündlich-persönlich von Interviewern des Instituts durchgeführt werden. Die Ergebnisse – gültig für derzeit 64,82 Mio. Deutsche ab 14 Jahre – werden jedes Jahr im Sommer der Öffentlichkeit präsentiert. Die AWA informiert über mehr als 2.000 Märkte und Teilmärkte, berichtet über Kauf- und Verbrauchsgewohnheiten, über Interessenstrukturen und Verhaltensweisen – von der Soziodemografie über Sport/Freizeit bis hin zu Urlaub und Reisen, von Geldanlagen und Versicherungen über Haus und Wohnen bis zu Computer, Internet, Telekommunikation und Kraftfahrzeugen, von Mode und Gesundheit bis zu Haushalt, Essen, Trinken und Rauchen. Erfragt werden hier zum Beispiel Besitz und Kaufpläne, Konsum und Kauf, Interesse und Entscheidungsträger.

Das Institut für Demoskopie Allensbach ist weiten Teilen der Bevölkerung im Zusammenhang mit der Wahlprognose bei Bundestags- und Landtagswahlen bekannt.

Wofür steht der Begriff „GfK"?

GfK steht für „GfK AG Gesellschaft für Konsum-, Markt und Absatzforschung" und ist das größte deutsche Marktforschungsinstitut und weltweit die Nummer vier der Branche. Innerhalb Deutschlands ist die GfK neben dem Konsumklimaindex vor allem dafür bekannt, dass sie mit der Messung der Einschaltquoten des Fernsehens beauftragt ist. Mit Hilfe eines elektronischen Messgerätes, dem GfK-Meter, werden diese Daten in 5.640 repräsentativen Haushalten sekundengenau gemessen und stehen jeweils am Folgetag in verschiedenen Berichtsarten zur Verfügung.

Was ist ein Affinitäts-Index?

Ein Index bezeichnet die relative Abweichung eines Werts vom Durchschnittswert. Signifikant ist ein Index unter 90 oder ab 110 aufwärts. Dazu muss eine Indexbasis definiert sein (in der Regel der Wert für Gesamtdeutschland). Grundsätzlich zeigt ein Index über 100 an, dass der entsprechende Wert im untersuchten Gebiet überdurchschnittlich hoch ist. Ein Index unter 100 zeigt einen unterdurchschnittlichen Wert im untersuchten Gebiet an. Der Index gibt keine Auskunft über die absoluten Zahlen, weswegen diese grundsätzlich auch zu beachten sind.

Medium:
auto motor und
sport

Zielgruppe:
Männer

- **Definition:**
  Misst die Zielgruppennähe bzw.
  das Maß an Streuverlust

$$\frac{\text{Anteil der ZG an der Gesamt-Nutzerschaft in \%}}{\text{Anteil der ZG an der Gesamtbevölkerung in \%}} \times 100 = \text{INDEX}$$

- **Beispiel:**
  Anteil der Männer an
  Gesamtnutzerschaft ams: 87,0%
  Anteil der Männer an
  Gesamtbevölkerung: 48,1%

$$\frac{87,0\,\%}{48,1\%} \times 100 = 180,87$$

Abb. 10.2   Beispiel für einen Affinitäts-Index; Quelle: VA 2005/3

Was ist ein Marktanteil?

Der Marktanteil TV ist beispielsweise:

= Anteil der Zuschauer eines Senders/einer Sendung an der Gesamt-Zu-
schauerschaft aller Sender/Sendungen innerhalb eines definierten Zeitseg-
ments

Die Formel lautet:

$$\text{Marktanteil in \%} = \frac{\text{Zuschauer Sendung}}{\text{Zuschauer gesamt im def. Zeitraum}} \times 100$$

Was ist Share of Spending (SoS)?

Der SoS – Share of Spending – weist den Prozentanteil der *Werbeausgaben* einer
(der eigenen) Marke an den Gesamtwerbeinvestitionen eines definierten Gesamtmarktes (des Konkurrenzfeldes) aus.

Was ist Share of Voice (SoV)?

Der SoV – Share of Voice – weist den Prozentanteil der Kontakte einer Marke an den
Gesamtkontakten eines definierten Gesamtmarktes aus (bezogen auf ein Medium).
Voraussetzung ist eine identische Zielgruppe.

Abb. 10.3   Zielgruppenpotenzial (Beispiel)

SoS und SoV können voneinander abweichen, zum Beispiel:

- Eigenmarke: 24 % SoS – 27 % SoV
- Wettbewerber: 25 % SoS – 20 % SoV

In diesem Fall hat der Wettbewerber mehr Geld ausgegeben und dabei eine geringe Kontaktzahl erreicht – also sein Budget weniger effektiv eingesetzt.

Was versteht man unter einem Zielgruppenpotenzial?
Abbildung 10.4 dient der Veranschaulichung.

Was versteht man unter der Brutto-Reichweite?
Die Brutto-Reichweite ist die Summe aller Kontakte mit einem Werbeträger/Werbemittel in der Zielgruppe. Es ist nicht ersichtlich, wie häufig dieselben Personen in die Berechnung mit eingegangen sind. In diesem Beispiel beträgt das Zielgruppenpotenzial 6 Mio. Die Brutto-Reichweite beträgt jedoch 12 Mio., da jeder Kontakt gezählt wird.

Die Brutto-Reichweite kann man entweder als absolute Zahl oder als Prozentwert (GRP) angeben. Ein GRP ist also nichts anderes als die Brutto-Reichweite als Prozentwert zur Bemessung des Werbedrucks. Die Brutto-Reichweite in % der Zielgruppe erlaubt keine Aussage über den Anteil der erreichten Personen oder die Kontaktqualität.

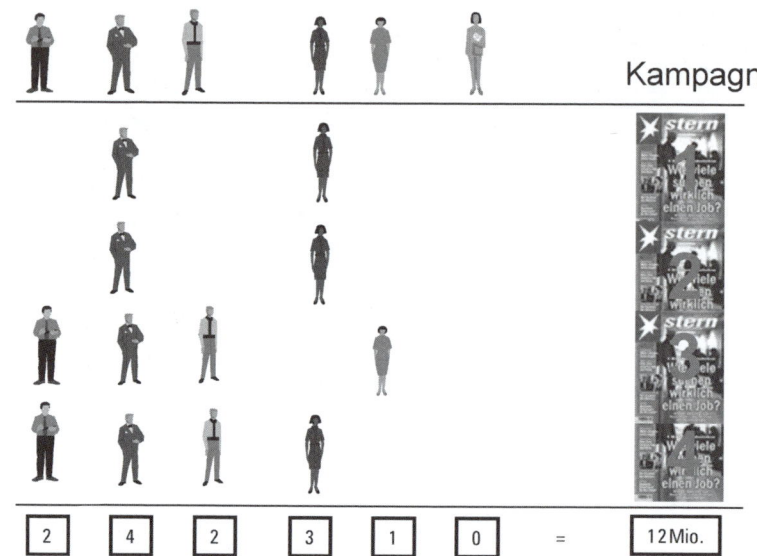

Abb. 10.4   Brutto-Reichweite (Beispiel)

Die Formel zur Berechnung der GRPs lautet:

$$\frac{\text{Brutto Reichweite Mio.} \times 100}{\text{Zielgruppenpotenzial}}$$

Was versteht man unter der Netto-Reichweite?

Anders als bei der Brutto-Reichweite wird bei der Netto-Reichweite jede Person nur einmal gezählt, gleichgültig, wie häufig sie erreicht wird. Die Netto-Reichweite gibt also an, wie viele Personen innerhalb der Zielgruppe mit mindestens einer Schaltung in einem Werbeträger/Werbemittel bzw. innerhalb einer Kampagne erreicht wurden. Die Reichweite kann entweder als absolute Zahl oder in % als Anteil an der Zielgruppe ausgedrückt werden. Die Netto-Reichweite kann nur maximal 100 % erreichen, nämlich dann, wenn alle Personen in der Zielgruppe einmal erreicht worden sind. In diesem Beispiel haben wir eine Netto-Reichweite von 5 Mio. oder 83,3 % der Zielgruppe (Potenzial der Zielgruppe 6 Mio.).

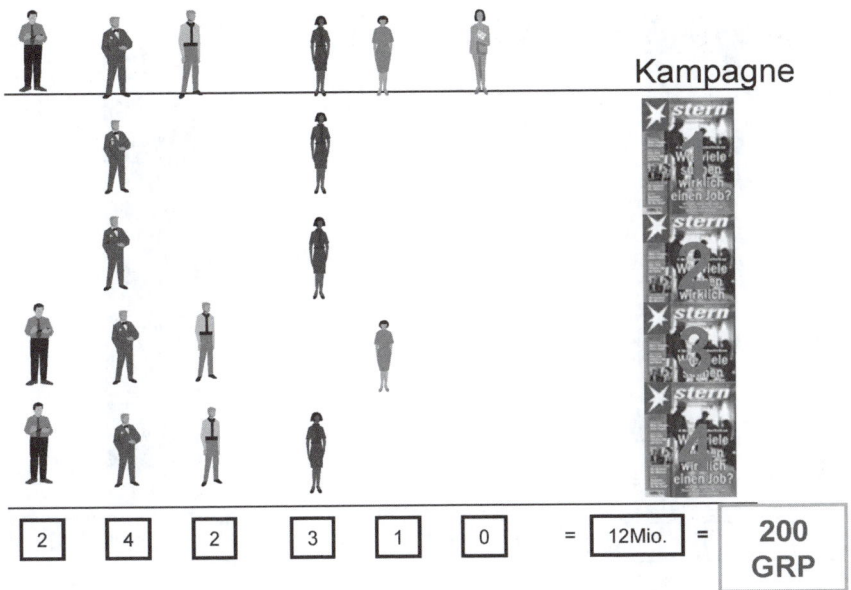

| 2 | | 4 | | 2 | | 3 | | 1 | | 0 | = | 12Mio. | = | **200 GRP** |

Abb. 10.5 Brutto-Reichweite (ausgedrückt in GRP)

Was ist der Reichweiten-Verlauf?

Die Reichweitenkurve hat in der Regel einen degressiven Verlauf. Mit zunehmendem Anteil von Überschneidungen, also mit jeder weiteren Einschaltung (steigende GRPs), werden Personen erreicht, die schon vorher Kontakte hatten, es kommen daher immer weniger neue Personen hinzu.

Was ist ein Tausend-Kontakt-Preis (TKP)?

Der TKP – Tausend-Kontakt-Preis, auch Tausender-Kontakt-Preis – bezeichnet die Kosten pro 1.000 erzielte Kontakte in der Zielgruppe und gilt als Maßstab für die Wirtschaftlichkeit von Medien.

Beispiele für TKP-Berechnungen Print und TV:

- *Anzeigenpreis DER SPIEGEL:*
  1/1 Seite 4-farbig 50.600 Euro
  1,55 Mio. Kontakte ZG Männer 30 bis 49 Jahre
  $50.600 \times 1000 : 1.550.000 = $ TKP 32,65 Euro

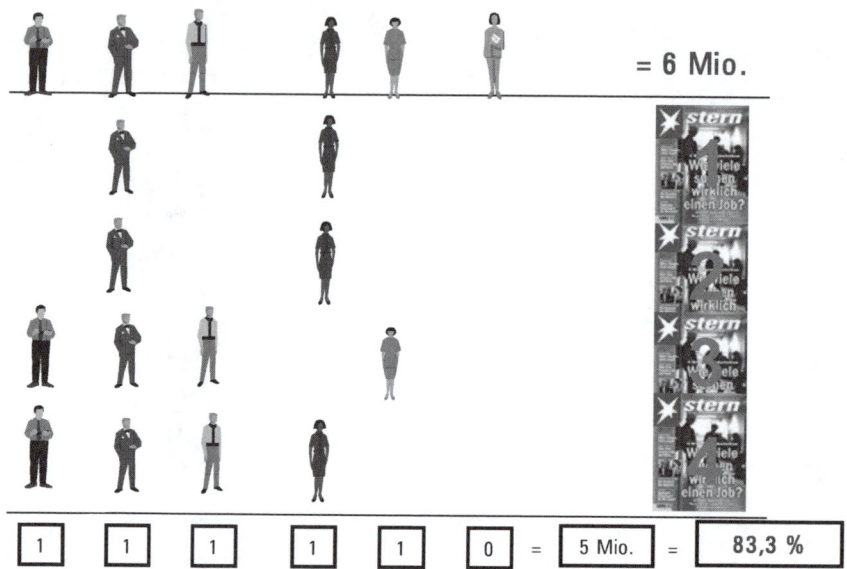

Abb. 10.6 Netto-Reichweite

- *Anzeigenpreis Sport Auto:*
  1/1 Seite 4-farbig 9.200 Euro
  230.000 Kontakte ZG Männer 30 bis 49 Jahre
  9.200 × 1000 : 230.000 = TKP 40,00 Euro
- *TV-Spot 30 Sekunden:*
  RTL „Wer wird Millionär" 55.650 Euro
  584.000 Kontakte ZG Männer 30 bis 49 Jahre
  55.650 × 1000 : 584.000 = TKP 95,29 Euro
- *TV Spot 30 Sekunden:*
  RTL „RTL Punkt 12" 8.580 Euro
  54.000 Kontakte ZG Männer 30 bis 49 Jahre
  8.580 × 1000 : 54.000 = 158,89 Euro

Ein hoher Grundpreis bedeutet also nicht gleich, dass ein Medium „teuer" ist, sondern muss immer in Relation gesetzt werden zu der Reichweite.

Der Tausend-Kontakt-Preis ist die „härteste" Währung in der Media-Planung, wenn es um Wirtschaftlichkeit geht. In den letzten Jahren standen bei der Printpla-

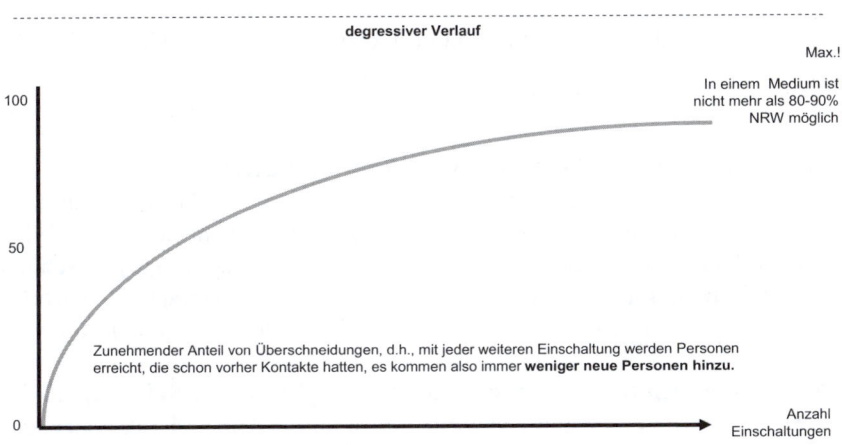

Abb. 10.7   Verlauf der Netto-Reichweite

nung jedoch qualitative Kriterien im Vordergrund. Es sieht allerdings so aus, als ob der TKP wieder zur Media-Währung Nummer eins aufsteigt.

Was versteht man unter externen Überschneidungen?

Von externer Überschneidung redet man bei Mehrfachkontakten der Nutzer bei Belegung verschiedener Medien.

Beispiel

Eine bestimmte Anzahl Personen sieht die gleiche Anzeige in verschiedenen Zeitschriften. Zur Ermittlung der Netto-Reichweite, also der Personen, die die Werbung mindestens einmal erreicht hat, gehen die Nutzer mehrerer Medien nur einmal in die Berechnung ein.

Was versteht man unter internen Überschneidungen?

Von internen Überschneidungen (Mehrfachkontakten) redet man bei Mehrfachbelegungen eines Mediums.

Beispiel

Eine bestimmte Anzahl Personen sieht die gleiche Anzeige in verschiedenen Ausgaben desselben Titels. Sind die internen Überschneidungen sehr hoch, lässt dies darauf schließen, dass ein Medium eine Vielzahl von regelmäßigen Nutzern hat.

Was versteht man unter Leser pro Nummer (LpN)?

LpN – Leser pro Nummer – bezeichnet die Gesamtzahl der Personen, die eine durchschnittliche Ausgabe einer Zeitschrift lesen oder durchblättern. LpN gibt keine Auskunft darüber, ob es zu einem oder mehreren Lesevorgängen kommt (Netto-Reichweite). In der Standard-Media-Analyse wird abgefragt: durchgeblättert oder gelesen im letzten Erscheinungsintervall (längstens ein Monat).

Was versteht man unter Leser pro werbungführende Seite (LpwS)?

LpwS – Leser pro werbungführende Seite – steht für die Anzahl der Personen, die eine durchschnittliche werbungführende Seite einer durchschnittlichen Ausgabe eines Werbeträgers gesehen haben.

10.2   Wichtige Kennziffern und Formeln

Mit Hilfe der nachstehenden Kennzahlen werden die Media-Pläne bzw. -Kampagnen in Bezug auf ihre Wirtschaftlichkeit bewertet.

- *Tausend-Kontakt-Preis (TKP)*
  Wie teuer sind 1.000 (Brutto-)Kontakte? Wie hoch ist der Preis einer Anzeige, um 1.000 Kontakte (Brutto-RW) in der Zielgruppe zu erzielen?

$$TKP = \frac{\text{Einschaltpreis} \times 1.000}{\text{Brutto-Reichweite}}$$

TKP ist eine medien-/kampagnenübergreifende Kennzahl.
- *Tausend-Leser-Preis (TLP)*
  Wie teuer sind 1.000 (Netto-)Kontakte? Wie hoch ist der Preis einer Anzeige, um 1.000 Leser/Nutzer (Netto-RW) in der Zielgruppe zu erreichen?

$$TLP = \frac{\text{Einschaltpreis} \times 1.000}{\text{Netto-Reichweite}}$$

Bei einmaliger Belegung einer Zeitschrift stimmen TKP und TLP überein.

- *Tausend-Auflage-Preis (TAP)*
  Wie hoch ist der Preis für Werbung in 1.000 Exemplaren eines Titels?
  Der TAP zeigt die Relation zwischen Anzeigenpreis und aktuellem Auflagenstand.

$$TAP = \frac{\text{Einschaltpreis} \times 1.000}{\text{Auflage}}$$

10.3   Media-Einkauf: Brutto- und Nettopreise

Die Begriffe Brutto, Netto, Zweifach-Netto und Dreifach-Netto werden im Media-Einkauf benutzt und führen zu Verwirrung. Hier also die einzelnen Kostenarten per Definition:

- *Brutto* oder auch Tarif-Brutto oder Nielsen-Brutto ist der Werbewert der Einschaltungen und Grundlage für die Planung, wenn es darum geht, Leistung der Medien zu prognostizieren.
  Der Bruttopreis findet sich im Tarif (Preisliste) des Mediums und ist Grundlage für den Rabatt und Basis für Umsatz-Kommitments bei Preisverhandlungen.
- *Netto* (n): Einfach-Netto oder Kundennetto genannt, ist das um Volumenrabatte (in der Regel Cashrabatte laut Preisliste) reduzierte Brutto und wird bei Umsatzveränderungen innerhalb eines Kalenderjahres gegebenenfalls angepasst.
- *Netto-Netto* (n/n): Zweifach-Netto oder auch Agenturnetto genannt, ist das um die 15-prozentige Mittlervergütung reduzierte Kundennetto.
- *Netto-Netto-Netto* (n/n/n): Dreifach-Netto oder auch Agenturnetto nach Skonto genannt, ist das um Skonto (Vorauszahlungsrabatt) reduzierte Zweifach-Netto.
- *Kundenpreis* (n/n/n + AH) oder auch „Zahlbar" genannt, ist das Dreifach-Netto plus dem vereinbarten Agenturhonorar laut Media-Vertrag – in der Regel bemessen vom Kundennetto (andere Vereinbarungen sind möglich).

Rechenbeispiel

Brutto	Tarif	28.000,00 Euro
./ 5 % Rabatt		1.400,00 Euro
= Kundennetto	n/	26.600,00 Euro
./. 15 % Mittlervergütung		3.990,00 Euro
= Agenturnetto	n/n/	22.610,00 Euro
./. 2 % Skonto		452,20 Euro
= Agenturnetto nach Skonto	n/n/n/	22.157,80 Euro
+ 2 % Agenturhonorar v. KN		532,00 Euro
= Kundenpreis/zahlbar	n/n/n/ + AH	22.689,80 Euro

Üblich sind also Begriffe wie „Einfach-Netto", „Zweifach-Netto" und „Dreifach-Netto" oder auch „Kundenpreis" jeweils vor oder nach Provision, Skonto und Mehrwertsteuer.

10.4   Begriffe im Bereich der Online-Medien

Ad Server
Ein Server und eine Software, die für die Aussteuerung von Werbemitteln eingesetzt werden. Ein Ad Server speichert Daten wie Ad Clicks oder Ad Impressions und dient als Zahlenbasis für das Reporting.

Ad Impression
Werbemittelkontakt. Je nach Anzahl der Werbemittel auf einer Website können eine oder mehrere Ad Impressions hervorgerufen werden (nicht zu verwechseln mit Page Impression).

Affiliate System
(englisch: to affiliate = angliedern) Vertriebslösungen, bei denen ein Anbieter seine Vertriebspartner erfolgsorientiert durch eine Provision vergütet. Die Werbeinhalte werden von dem Anbieter zur Verfügung gestellt und durch den Affiliate auf einer Website integriert. Die Kooperation erhöhte die Reichweite des Angebots und kann z. B. nach CPC oder CPL vergütet werden.

Banner

In-Page Werbeform, die am oberen Bildschirmrand eingebunden ist. Ein Banner verlinkt entweder auf ein Online-Special des Werbetreibenden oder auf dessen eigene Website.

Click through Rate – CTR

Diese Kennzahl beziffert die Anzahl der Klicks auf ein Werbemittel im Verhältnis zu den gesamten Impressions.

Conversion Rate

Leistungskennzahl eines Online-Werbemittels. Es bezeichnet zum Beispiel das Ausfüllen eines Formulars, das Anklicken eines Werbemittels oder auch den Kauf eines Produkts.

Cookie

Dient der gezielten Aussteuerung von Werbemitteln. Man versteht darunter eine Textdatei, die beim Aufrufen einer Website auf der Festplatte des Rechners abgelegt wird. Bei einem erneuten Besuch der Website wird die Datei über den Browser an den Server zurückgesendet und die Information kann ausgewertet werden. So kann gemessen werden, ob ein Nutzer eine Seite wiederholt besucht und ein bestimmtes Werbemittel bereits gesehen hat.

Cost per Click – CPC

Preis/Kosten pro Klick. Die Abrechnung erfolgt anhand der Anzahl der Klicks auf ein Werbemittel.

Cost per Lead – CPL

Preis/Kosten pro Adresse oder Kontakt. Die Abrechnung erfolgt anhand der Anzahl der generierten Adressen oder Kontakte.

Cut-in-Layer

In-Stream-Werbeform im Internet, ohne dass ein eigener Spot erforderlich ist. Analog zum Cut-in im TV erscheint das Werbemittel im unteren Bildrand des laufenden Videoclips.

Digital Media

Im analogen Bereich besteht ein Fernsehbild aus einer Folge von 25 Einzelbildern pro Sekunde, die alle übertragen werden. Die digitale Übertragung übermittelt nicht mehr jedes Einzelbild vollständig, sondern nur noch den Teil, der sich von Bild zu Bild wirklich verändert. Durch diese Datenkompression können pro Frequenz statt eines analogen Programms vier bis sechs digitale Programme übertragen werden. Früher war zum Empfang digitaler Programme ein Receiver erforderlich, moderne TV-Geräte haben diese Technik integriert.

E-Commerce
Geschäftsaktionen, die über das Internet abgewickelt werden.

Layer
Online-Werbeformen, die einen Contentbereich überlagern und sich nach einer gewissen Zeit automatisch schließen.

Flash-Layer
In-Page-Werbeform. Das auf Flash basierende Online-Werbemittel legt sich großflächig über eine Website und aufgrund des transparenten Hintergrunds bleibt die Navigation dabei sichtbar.

Page Impression
Seitenzugriff – Anzahl der Sichtkontakte beliebiger Nutzer auf einer werbeführenden Seite.

Rectangle
Standardisiertes Online-Werbemittel, das in redaktionellem Content platziert wird.

Seeding
Gezieltes Verbreiten von Informationen – Begriff aus dem Viral Marketing.

Unique Visiter
Besucher einer Website, der bei wiederholtem Besuch in einem bestimmten Zeitfenster nur einmal gezählt wird. Zur Erkennung werden Cookies eingesetzt. Die Gesamtsumme der Besucher einer Website innerhalb eines Zeitfensters beziffert die Summe der Unique Visiters.

Virales Marketing
Kurz: Viralmarketing genannt, nutzt soziale Netzwerke zur Verbreitung einer Werbebotschaft. Das Ziel der viralen Marketing-Kampagne ist die schnelle Verbreitung einer gezielt gesteuerten Information. Der Erfolg kann – gemessen am finanziellen Aufwand – überproportional groß sein.

Visits
Messgröße der IVW, die beziffert, wie viele einzelne Besuche innerhalb eines Monats für inhaltlich abgegrenzte Bereiche eines Online-Angebots zu verzeichnen waren.

10.5   Organisationen und Verbände

BDZV Bundesverband Deutscher Zeitungsverleger e.V. (www.bdzv.de)
Spitzenorganisation der Zeitungsverlage in Deutschland (seit 1954)
Mitglieder: 11 Landesverbände mit 320 Tageszeitungen und 14 Wochenzeitungen.
Wahrung und Vertretung der gemeinsamen ideellen und wirtschaftlichen Interessen der Verlage.
Finanzierung der ZMG (Zeitungs Marketing Gesellschaft) über Mitgliederbeiträge.

IVW – Informationsgemeinschaft zur Feststellung der Verbreitung von Werbeträgern e.V. (www.ivw.de)
Gemeinschaftseinrichtung des Zentralausschusses der Werbewirtschaft (ZAW) (seit 1949)
Mitglieder: Medien, Werbungtreibende, Werbeagenturen, Berufs- und Wirtschaftsverbände der Werbeträger.
Feststellung, Überprüfung und Veröffentlichung der Auflagenzahlen von Print-Werbeträgern.
Heftbezogene Auflagenmeldungen.

OMG – Organisation der Media-Agenturen im GWA (www.omg-online.de)
Die OMG bietet ihren Mitgliedsagenturen spezifische Services an, wie Managementhilfen und Rahmenvereinbarungen. Diese sind verbandsintern. Darüber hinaus erarbeitet die OMG gemeinsam mit Marktpartnern branchenrelevante Vereinbarungen aus dem Vertragswesen (Media-Agenturvertrag), Transparenzvereinbarung (gemeinsam mit Werbungtreibenden); Der Verband stellt Experten bereit bei wichtigen Markt-Media-Untersuchungen. Federführend im Verband sind die Vertreter der großen Network-Agenturen.

OWM – Organisation Werbungtreibende im Markenverband (www.owm.de)

Die führenden werbungtreibenden Unternehmen aus der Markenartikel- und Automobilindustrie, der Finanz- und Versicherungswirtschaft und der Telekommunikationsbranche haben sich in der OWM zusammengeschlossen, um gemeinsam ihre Interessen im Bereich der kommerziellen Kommunikation gegenüber der Politik, ihren Marktpartnern und in der Forschung zu vertreten. Die OWM repräsentiert von den TOP 10 Werbungtreibenden im deutschen Werbemarkt 90 %, von den TOP 20 im gesamten Werbemarkt 75 %.

VDZ – Verband Deutscher Zeitschriftenverleger e.V. (www.vdz.de)

Dachverband/Interessenvertretung der deutschen Zeitschriftenverleger (seit 1929)
Sieben Landesverbände mit 400 Verlagen mit mehr als 3.000 Zeitschriften.
Fungiert als Arbeitgeberverband, Dienstleistungsverband, Kommunikationsverband und Wirtschaftsverband.

10.6   Online-Media-Wissen

Online-Plattformen der wichtigsten Verlage mit umfangreichem Informations- und Service-Angebot

Focus Magazin Verlag

www.medialine.de
Objektinformation und Copytests zu eigenen Titeln im Download, Zählmöglichkeiten mit MDS online, Marktanalysen zu Branchenentwicklungen und Werbespendings, Medialexikon, Diskussionsplattform zu relevanten Branchenthemen.

Axel Springer Verlag

www.axelspringer-mediapilot.de
Informationen zum Verlagsportfolio und interessante Veröffentlichungen von Branchenberichten als Planungshilfen für Agenturen.

Gruner + Jahr

www.guj-media.de
Mediadaten für alle eigenen Werbeträger, Mediaticker mit News zu eigenen Titeln. Zählmöglichkeit für die gängigen Markt-Media-Studien, eigene Verlagsstudi-

en, Medialexikon mit Index- und Volltextsuche. Vierteljährlicher Werbetrend mit Nielsen-Zahlen.

Heinrich Bauer Verlag

www.bauermedia.com

Mediadaten für alle eigenen Werbeträger, Zählmöglichkeit für die gängigen Markt-Media-Studien, eigene Verlagsstudien, Cross-Media Studies.

Hubert Burda Verlag

www.burda-community-network.de

Mediadaten für alle eigenen Werbeträger, Themenumfeldsuche, Zählservice für Markt-Media-Studien

MA-Online-Analyse, Case-Studies Cross-Media.

Spiegel-Verlag

www.media.spiegel.de

Mediadaten für alle eigenen Werbeträger, Online-Zählservice für alle gängigen Markt-Media-Studien, verlagseigene Studien.

Verlagsgruppe Handelsblatt

www.gwp.de

Mediadaten zu allen von GWP vertretenen Medien. LAE Competence Center plus LAE-Titel Datenbank mit Download-Option. Online-Zähl-Service. Schwerpunkt liegt auf Business und Finance Community.

XING/früher Open BC

XING ist als führende Plattform für Geschäftskontakte im Internet etabliert. Über den tatsächlichen Nutzen scheiden sich die Geister. Während die einen XING als Bereicherung ihrer Geschäftskontakte sehen und als ganz persönliches Networking schätzen, sind andere User eher enttäuscht und fühlen sich durch für sie teilweise wertlose Kontakte eher belästigt.

Holidaycheck.de (Hubert Burda)

Meinungsforum zu Urlaub und Hotels mit stark wachsender Community.

My-hammer.de (Holtzbrinck)

Vermittlung von handwerklichen Dienstleistungen mit täglichen Auktionen.

Parship.de (Holtzbrinck)

Partneragentur mit hohem Frauenanteil – gilt als seriöse Singlebörse im Netz – mit hohem Anteil an sogenannten „Premium-Mitgliedschaften".

Stepstone.de (Axel Springer)

Online-Jobbörse für Führungskräfte – Stärke im Bereich Handel/Vertrieb, Telekommunikation und IT.

StudiVZ.net (Holtzbrinck)

Führende Social Community für Studenten mit zahlreichen Netzwerktools und einem kleinen Bruder „schuelerVZ".

Video-Communities

MyVideo – Clipfish – YouTube.

10.7   Wichtige Datenquellen

Fernsehforschungs-Panel der AGF/GfK

Die AGF (Arbeitsgemeinschaft Fernsehforschung) ist ein Zusammenschluss der TV-Sender zur gemeinsamen Durchführung und Weiterentwicklung der kontinuierlichen quantitativen Fernsehzuschauerforschung in Deutschland und Auftraggeber der GfK-Fernsehforschung mit dem Ziel, das Fernsehnutzungsverhalten der deutschen Bevölkerung zu erforschen. Dadurch gelten die „Einschaltquoten" als von allen Marktpartnern anerkannte „Währung" für TV-Nutzungsdaten als Basis für Programmplanung der Sender und für die Media-Planung bei Agenturen.

Nielsen Media Research – www.nielsen-media.de

Nielsen Media Research ist ein weltweit in über 35 Ländern arbeitendes Medienforschungsunternehmen im Bereich Fernseh- und Radionutzungsforschung, Werbe- und Werbewirkungsforschung, Leser- und individuelle Sonderanalysen. Nielsen erfasst alle Werbeinvestitionen und ist damit wichtigster Lieferant von Daten zur Wettbewerbsanalyse. Seit über 50 Jahren beobachtet die Hamburger Nielsen Media Research GmbH, ehemals A.C. Nielsen Werbeforschung S + P GmbH, deutschlandweit die Bruttowerbeinvestitionen in den klassischen Medien. Der Begriff „S + P" ist im Markt schwer auszurotten, viele Media-Planer sprechen immer noch von „Schmidt + Pohlmann Zahlen", wenn sie Nielsen meinen, obwohl das Unternehmen bereits 1979 von Nielsen übernommen wurde.

AGOF Internet Facts – Arbeitsgemeinschaft Online Forschung

Die AGOF ist ein Zusammenschluss der führenden Online-Vermarkter in Deutschland. Mit der standardisierten Online-Reichweitenwährung sorgt sie für valide Planungsdaten für Online-Werbeträger. Die Markt-Media-Studie zum Thema Internet erscheint monatlich und bietet viele Sonderauswertungen nach Branchen.

10.8   Branchendienste

Folgende Branchendienste vermitteln Informationen über Agenturen, Medien und Unternehmen:

- Horizont (www.horizont.net)
- media spectrum (www.media-spectrum.de)
- Media und Marketing (www.mediaundmarketing.de)
- W&V Werben & Verkaufen (www.wuv.de)

10.9   Marktforschungsinstitute

Es gibt Angebote der Medien selbst (inklusive Vermarkter). Lohnend ist stets auch ein Blick auf die Online-Angebote von großen Marktforschungsinstituten, zum Beispiel:

- GfK Gruppe Gesellschaft für Konsum-, Markt und Absatzforschung, www.gfk.de
- infas Institut für angewandte Sozialwissenschaft GmbH, www.infas.de
- INFRATEST BURKE AG Holding, www.infratest-burke.com
- INRA Deutschland, Gesellschaft für Markt- und Sozialforschung
- Ipsos GmbH, www.ipsos.de
- TNS EMNID, www.tns-emnid.com

10.10   Weitere wichtige Vermarkter-Adressen

- IP Deutschland (www.ip-deutschland.de)
- SevenOneMedia (www.sevenonemedia.de)
- ARD (www.ard-werbung.de)
- ZDF (www.zdf-werbefernsehen.de)
- Zusammenschluss der TV-Anbieter unter: www.wirkstoff.tv
- Radio Marketing Services RMS (www.rms.de)

Die Autorin

Anne Marx arbeitet seit 2002 als freie Media-Beraterin. Nach Stationen u. a. bei Young & Rubicam, Wilkens Ayer und Donovan Data Systems London kam sie 1992 zu der Hamburger Media-Agentur G.F.M.O. Gesellschaft für Media-Optimierung. Dort verantwortete sie bis 2001 zunächst als geschäftsführende Gesellschafterin der G.F.M.O – später OMD – den Bereich Elektronische Medien und betreute über viele Jahre namhafte Kunden wie Beiersdorf, Dresdner Bank, Tchibo, um nur einige zu nennen. Sie verfügt über Erfahrungen aus dem gesamten Spektrum des Media-Geschäfts, konzipiert seit 2002 Media-Seminare und -Workshops und berät Unternehmen in Fragen des Media-Managements.

Internet: www.annemarx.de

A. Marx, *Media für Manager*,
DOI 10.1007/978-3-8349-7192-0,
© Gabler Verlag | Springer Fachmedien Wiesbaden GmbH 2012

Sachverzeichnis

A. Marx, *Media für Manager*,
DOI 10.1007/978-3-8349-7192-0,
© Gabler Verlag | Springer Fachmedien Wiesbaden GmbH 2012